中等职业教育“十一五”规划教材

中职中专机电类教材系列

数控车床编程与实训

黄金龙　主　编
陈小霞　副主编

科学出版社
北　京

内 容 简 介

本书内容上力求体现"以就业为导向，以职业技能为核心"的指导思想，针对数控车床技术操作工种职业活动领域，按照模块化的方式，依据中级工等级编写。本书涉及国家职业技能中级鉴定标准中的"基本技能"准备，专业技能知识部分涉及该标准中各工种的"技能要求"，书中安排相关工种的应知题和应会训练内容，并模拟考工安排了大量实训。

本书以数控编程和实训为主线，注重实现职业实践中适用的工艺要求、操作技能，贴近职业实践，按数控车床简介、数控车床编程基础知识、数控车床编程入门、数控车床编程提高与强化、数控车中级工考工实训、其他数控车床系统简介共六个模块编写，附录部分为常用数控系统的指令。内容安排操作性强，以提高技能为目的，以实用、够用为原则，以层次性、规范性、职业性为特点，逐步培养学生的生产加工能力，拓宽学生的知识面，保证学生的可持续发展。

本书适合作为机电专业及自动化和模具制造等相关专业的教学用书，也可作为参加数控加工国家职业技能鉴定考核培训的参考教材和数控车床技术工人的培训教材。

图书在版编目(CIP)数据

数控车床编程与实训/黄金龙主编. —北京：科学出版社，2007
(中等职业教育"十一五"规划教材·中职中专机电类教材系列)
ISBN 978-7-03-019788-7

Ⅰ. 数… Ⅱ. 黄… Ⅲ. 数控机床：车床-专业学校-教材 Ⅳ. TG519.1

中国版本图书馆 CIP 数据核字（2007）第 132639 号

责任编辑：陈砺川/责任校对：赵 燕
责任印制：吕春珉/封面设计：耕者设计工作室

科学出版社 出版
北京东黄城根北街 16 号
邮政编码：100717
http://www.sciencep.com

北京京华虎彩印刷有限公司印刷

科学出版社发行 各地新华书店经销

*

2007 年 8 月第 一 版 开本：787×1092 1/16
2015 年 8 月第六次印刷 印张：14 1/2
字数：335 000

定价：22.00 元

（如有印装质量问题，我社负责调换〈京华虎彩〉）

销售部电话 010-62134988 编辑部电话 010-62135763-8020

前　言

数控加工是机械制造业中的先进加工技术，在生产企业中，数控机床的使用越来越广泛。我国的机械制造行业正急需大批熟悉数控机床的编程、操作、故障诊断和维护等技术的应用型人才。

本书从培养职业技术型人才的目的出发，简述了数控车床的工作原理和结构，介绍了数控车床编程和数控加工工艺的基础知识以及数控车床的编程方法，详细地介绍了实际生产中常用的数控车床的操作方法。所涉及的数控系统主要有日本 FANUC 系统、德国 SIEMENS 系统和广州数控等系统。

我们编写这书时本着以下原则。

1. 适合职业高中学生的学习及心理特点，力求做到以人为本，尽量做到深入浅出，生动活泼，增强亲和力。

2. 适当降低理论难度，突出技术技能和实际的可操作性。

3. 尽量贴近生产实际，提高学生的学习兴趣。

4. 适度注意内容的延续性及综合性。

5. 希望通过这本教材的教学、实验及实训后，学生能够适应现代企业生产实际的需要，通过较短时间的生产实习后即能独立操作，满足企业对数控一线人才的需要。

读者通过学习本书，能迅速掌握数控车床的相关技术知识和操作技能，能编写出中等难度的数控加工程序，能完成数控机床的一般维护和故障诊断工作。

本书可作为机电专业及自动化和模具制造等相关专业的教学用书，也可作为这些专业的学习者参加数控加工国家职业技能鉴定考核培训的参考教材和数控车床技术工人的培训教材，同时也可供有关企业从事数控车床应用工程的技术人员学习或参考。

本书的模块一～模块四由黄金龙、夏永波编写，模块五、模块六及附录部分由蒋悦情、陈小霞编写。

由于编写时间仓促，书中难免会有一些疏漏和不足之处，敬请广大读者提出宝贵意见。

目　　录

模块一

数控车床简介

本模块通过对数控车床的构成、分类、加工特点及我国数控车床发展的现状与趋势的介绍，使学者对数控车床各方面知识有初步的了解。

知识目标

- 了解数控车床的构成。
- 理解数控车床的加工特点。
- 了解我国数控车床发展的现状与趋势。

技能目标

- 掌握数控车床的结构及各部分的功能。
- 了解数控车床分类。

项目一　数控车床概述

数控车床作为当今使用最广泛的数控机床之一，主要用于加工轴类、盘套类等回转体零件，能够通过程序控制自动完成内外圆柱面、锥面、圆弧、螺纹等工序的切削加工，并进行切槽、钻、扩、铰孔等工作。而近年来研制出的数控车削中心和数控车铣中心，使得在一次装夹中可以完成更多的加工工序，提高了加工质量和生产效率，因此特别适宜复杂形状的回转类零件的加工。

任务

任务1　数控车床的基本构成

从机械结构上看，数控车床还没有脱离普通车床的结构形式，即由床身，主轴箱、刀架进给系统、液压、冷却、润滑系统等部分组成。与普通车床所不同的是，数控车床的进给系统与普通车床有质的区别，它没有传统的走刀箱、溜板箱和挂轮架，而是直接用伺服电机通过滚珠丝杠驱动溜板和刀具，实现进给运动，因而大大简化了进给系统的结构。由于要实现CNC，因此，数控车床要有CNC装置电器控制和CRT操作面板。如图1.1所示为数控车床的各部分组成及其名称。

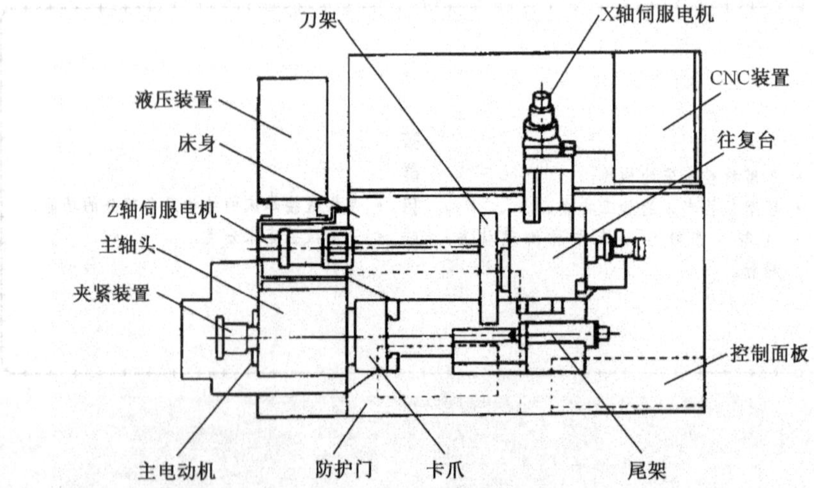

图1.1　数控车床的构成

（1）主轴箱

图1.2为数控车床主轴箱的构造，主轴伺服电机的旋转通过皮带轮送到主轴箱内的变速齿轮，以此来确定主轴的特定转速。在主轴箱的前后装有夹紧卡盘，可将工件装夹在此。

（2）主轴伺服电机

主轴伺服电机分交流和直流两种。直流伺服电机可靠性高，容易在宽范围内控制转矩和速度，因此被广泛使用。然而，近年来小型、高速度、更可靠的交流伺服电机作为电机控制技术的发展成果已越来越多地被人们利用起来。

(3) 夹紧装置

这套装置通过液压自动控制卡爪的开/合。

(4) 往复拖板

在往复拖板上装有刀架，刀具可以通过拖板实现主轴方向的定位和移动，从而同 Z 轴伺服电机共同完成长度方向的切削。

(5) 刀架

此装置可以固定刀具和索引刀具，使刀具在与主轴垂直方向上定位，并同 X 轴伺服电机共同完成截面方向的切削，图 1.3 所示为刀架结构。

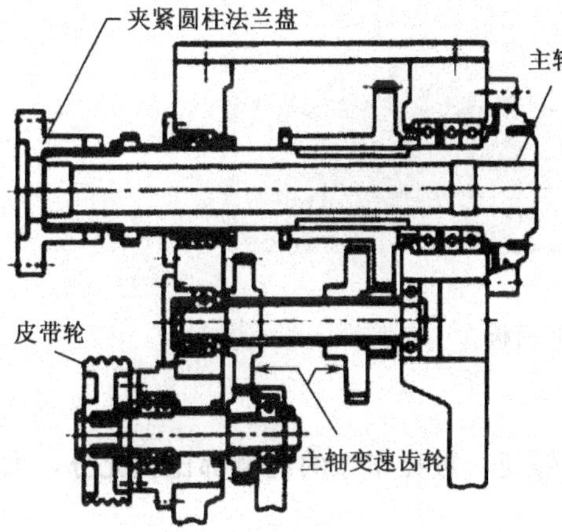

图 1.2 数控车床主轴箱的构造

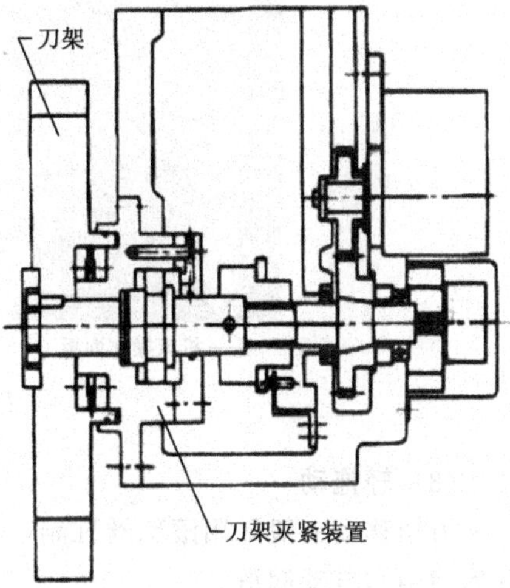

图 1.3 刀架结构

(6) 控制面板

控制面板包括 CRT 操作面板（执行 CNC 数据的输入/输出）和机床操作面板（执行机床的手动操作），如图 1.4 所示。因此，将数控车床的数控装置与控制面板设计成分离的，这样操作者就可以集中在一个固定位置上操作。

任务 2 数控车床的特点

(1) 传动链短

数控车床刀架的两个方向运动分别由两台伺服电机驱动。伺服电机直接与丝杠连接带动刀架运动，伺服电机与丝杠间也可以用同步皮带副连接。多功能数控车床是采用直流或交流主轴控制单元来驱动主轴，它可以按控制指令无级变速，与主轴之间无需再用多级齿轮副来进行变速。电机宽调速技术发展的目标是取消变速齿轮副，目前还要通过一级齿轮副变几个转速范围。因此，床头箱内的结构已比传统床简单得多。

(2) 刚性高

与控制系统的高精度控制相匹配，以便适应高精度的加工。

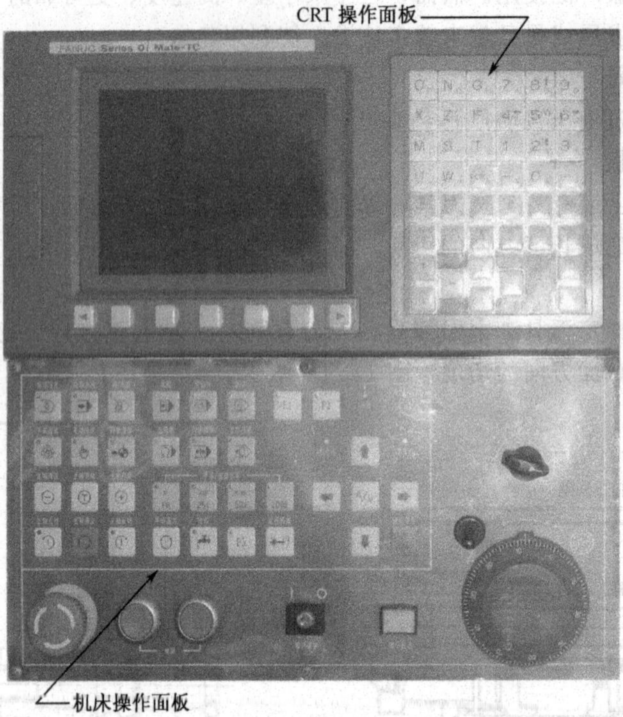

图 1.4 控制面板

(3) 轻拖动

刀架移动一般采用滚珠丝杠副，为了拖动轻便，数控车床的润滑都比较充分，大部分采用油雾自动润滑。

为了提高数控车床导轨的耐磨性，一般采用镶钢导轨，采用这种技术的机床精度保持的时间就比较长，也可延长使用寿命。另外，数控车床还具有加工冷却充分、防护严密等结构特点，自动运转时都处于全封闭或半封闭状态。数控车床一般还配有自动排屑装置。

任务 3 数控系统

数控车床的数控系统是由 CNC 装置、输入/输出设备、可编程控制器（PLC）、主轴驱动装置和进给驱动装置以及位置测量系统等几部分组成。如图 1.5 所示，其中 CNC 装置是数控系统的核心。

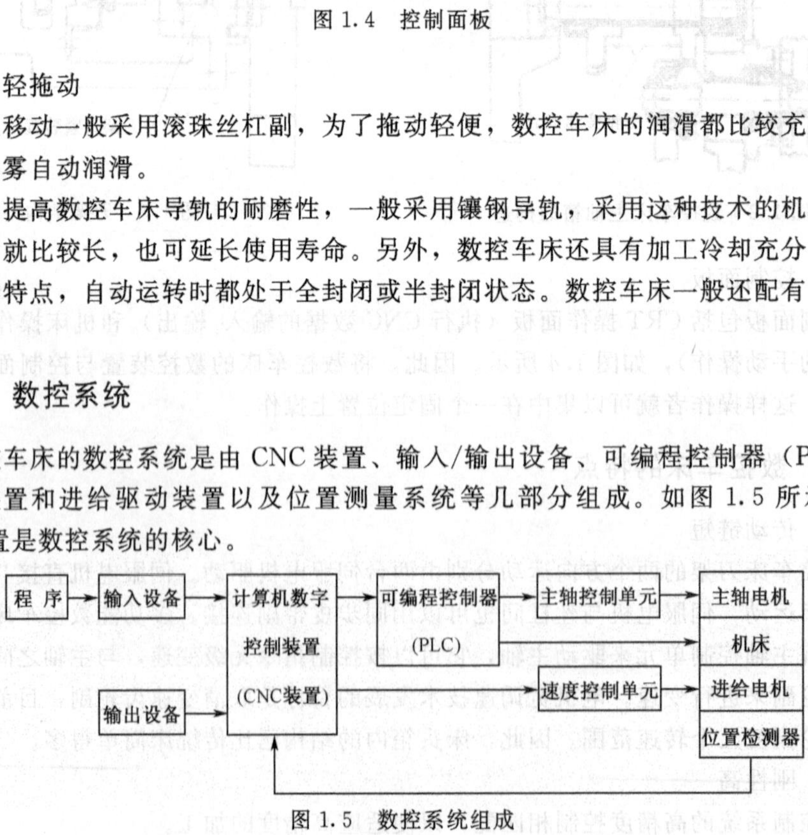

图 1.5 数控系统组成

数控车床通过 CNC 装置控制机床主轴转速、各进给轴的进给速度以及其他辅助功能。

■ 项目二　数控车床的分类及其加工特点 ■

任务

任务 1　数控车床的分类

数控车床品种繁多，按数控系统的功能和机械构成可分为简易数控车床（经济型数控车床）、多功能数控车床和数控车削中心。

1）简易数控车床（经济型数控车床）。是低档次数控车床，一般是用单板机或单片机进行控制，机械部分是在普通车床的基础上改进设计的。

2）多功能数控车床。也称全功能型数控车床，由专门的数控系统控制，具备数控车床的各种结构特点。

3）数控车削中心。在数控车床的基础上增加其他的附加坐标轴。

任务 2　数控车床的加工特点

现代数控车床必须具备良好的便于操作的优点。数控车床加工具有如下特点。

1. 节省调整时间

1）快速夹紧卡盘减少了调整时间。

2）快速夹紧刀具减少了刀具调整时间。

3）刀具补偿功能节省了刀具补偿的调整时间。

4）工件自动测量系统节省了测量时间并提高加工质量。

5）由程序指令或操作盘的指令控制顶尖架的移动也节省了时间。

2. 操作方便

1）倾斜式床身有利于切屑流动和调整夹紧压力、顶尖压力和滑动面润滑油的供给，便于操作者操作机床。

2）宽范围主轴电机或内装式主轴电机省去了齿轮箱。

3）高精度伺服电机和滚珠丝杠间隙消除装置使进给速度快并有好的准确性。

4）具有切屑处理器。

5）采用数控伺服电机驱动数控刀架。

3. 具有程序存储功能

现代数控机床控制装置可根据加工形状，并把粗加工的加工条件附加在指令中，进行内部运算，自动地计算出切削轨迹。

4. 提高效率

采用机械手和棒料供给装置既省力又安全，并提高了自动化和操作效率。

5. 完成高难度加工

加工合理化和工序集约化的数控车床可完成高速度高精度加工及复合加工的目的。

数控机床的不足之处就是价格昂贵，加工成本高，技术复杂，对工艺和编程要求较高，加工中难以调整，维修困难。需要切实解决好加工工艺、程序编制、刀具的供应、编程与操作人员的培训等问题。

■ 项目三　我国数控车床的现状和发展趋势 ■

数控机床是集机械、电气、液压、气动、微电子和信息等多项技术为一体的机电一体化产品。是机械制造设备中具有高精度、高效率、高自动化和高柔性化等优点的工作母机。数控机床的技术水平高低及其在金属切削加工机床产量和总拥有量的百分比，是衡量一个国家国民经济发展和工业制造整体水平的重要标志之一。数控车床是数控机床的主要品种之一，它在数控机床中占有非常重要的位置，几十年来一直受到世界各国的普遍重视并得到了迅速的发展。

我国数控车床从 20 世纪 70 年代初进入市场，至今通过各大机床厂家的不懈努力，通过采取与国外著名机床厂家的合作、合资、技术引进、样机消化吸收等措施，使得我国的机床制造水平有了很大的提高，其产量在金属切削机床中占有较大的比例。目前，国产数控车床的品种、规格较为齐全，质量基本稳定可靠，已进入实用和全面发展阶段。

◀◀◀ 任务

任务 1　数控车床的现状

1. 床身和导轨

(1) 床身

机床的床身是整个机床的基础支承件，是机床的主体，一般用来放置导轨、主轴箱等重要部件。床身的结构对机床的布局有很大影响。例如，宝鸡机床厂设计生产的 CJK6140H 系列简式数控车床采用的是平床身平滑板结构；CK75 系列全功能数控车床采用的是后斜床身斜滑板结构；而我们国家刚刚研制开发完成的 CK535D 全功能数控倒置立式车床，采用的是直立床身直立滑板结构。该机床采用大功率内藏式电主轴结构，主轴可沿 X 轴和 Z 轴移动，以实现自动上下料功能。

(2) 导轨

车床的导轨可分为滑动导轨和滚动导轨两种。滑动导轨具有结构简单、制造方便、接触刚度大等优点。但传统滑动导轨磨擦阻力大，磨损快，动、静磨擦系数差别大，低速时易产生爬行现象。目前，数控车床已不采用传统滑动导轨，而是采用带有耐磨粘贴带覆盖层的滑动导轨和新型塑料滑动导轨。它们具有磨擦性能良好和使用寿命长等特点。

导轨刚度的大小、制造是否简单、能否调整、磨擦损耗是否最小以及能否保持导轨的初始精度，在很大程度上取决于导轨的横截面形状。车床滑动导轨的横截面形状常采用山形截面和矩形截面。山形截面导轨导向精度高，导轨磨损后靠自重下沉自动补偿。下导轨用凸形有利于排污物，但不易保存油液。矩形截面导轨制造维修方便，承载能力大，新导轨导向精度高，但磨损后不能自动补偿，需用镶条调节，影响导向精度。

2. 主轴变速系统

经济型数控车床大多数是不能自动变速的，需要变速时，只能把机床停止，然后手动变速。而全功能数控车床的主传动系统大多采用无级变速。目前，无级变速系统主要有变频主轴系统和伺服主轴系统两种。一般采用直流或交流主轴电机，通过带传动带动主轴旋转，或通过带传动和主轴箱内的减速齿轮（以获得更大的转矩）带动主轴旋转。由于主轴电机调速范围广，又可无级调速，使得主轴箱的结构大为简化。主轴电机在额定转速时可输出全部功率和最大转矩。

3. 刀架系统

数控车床的刀架是机床的重要组成部分。刀架用于夹持切削用的刀具，因此其结构直接影响机床的切削性能和切削效率。在一定程度上，刀架的结构和性能体现了机床的设计和制造技术水平。随着数控车床的不断发展，刀具结构形式也在不断翻新。

刀架是直接完成切削加工的执行部件，所以，刀架在结构上必须具有良好的强度和刚度，以承受粗加工时的切削抗力。由于切削加工精度在很大程度上取决于刀尖位置，所以要求数控车床选择可靠的定位方案和合理的定位结构，以保证有较高的重复定位精度。此外，刀架的设计还应满足换刀时间短、结构紧凑和安全可靠等要求。

按换刀方式的不同，数控车床的刀架系统主要有回转刀架、排式刀架和带刀库的自动换刀装置等多种形式。

(1) 排式刀架

排式刀架一般用于小规格数控车床，以加工棒料或盘类零件为主。它的结构形式为夹持着各种不同用途刀具的刀夹沿着机床的 X 坐标轴方向排列在横向滑板上。这种刀架在刀具布置和机床调整等方面都较为方便，可以根据具体工件的车削工艺要求，任意组合各种不同用途的刀具。一把刀具完成车削任务后，横向滑板只要按程序沿 X 轴移动预先设定的距离后，第二把刀就到达加工位置，这样就完成了机床的换刀动作。这种换刀方式迅速省时，有利于提高机床的生产效率。宝鸡机床厂生产的 CK7620P 全功能数控车床配置的就是排式刀架。

(2) 回转刀架

回转刀架是数控车床最常用的一种典型换刀刀架，通过刀架的旋转分度定位来实现机床的自动换刀动作，根据加工要求可设计成四方、六方刀架或圆盘式刀架，并相应地安装四把、六把或更多的刀架。回转刀架的换刀动作可分为刀架抬起、刀架转位和刀架锁紧等几个步骤。它的动作是由数控系统发出指令来完成的。回转刀架根据刀架回转轴与安装底面的相对位置，分为立式刀架和卧式刀架两种。宝鸡机床厂生产的CJK6140H系列简式数控车床配置的是四工位立式刀架或六工位卧式刀架，CK75系列全功能数控车床配置的是8工位或12工位卧式刀架。

(3) 带刀库的自动换刀装置

上述排刀式刀架和回转刀架所安装的刀具都不可能太多，即使是装备两个刀架，对刀具的数目也有一定限制。当由于某种原因需要数量较多的刀具时，应采用带刀库的自动换刀装置。带刀库的自动换刀装置由刀库和刀具交换机构组成。

4. 进给传动系统

数控车床的进给传动系统一般均采用进给伺服系统，这也是数控车床区别于普通车床的一个特殊部分。

数控车床的伺服系统一般由驱动控制单元、驱动元件、机械传动部件、执行件和检测反馈环节等组成。驱动控制单元和驱动元件组成伺服驱动系统。机械传动部件和执行元件组成机械传动系统。检测元件与反馈电路组成检测系统。进给伺服系统按其控制方式不同可分为开环系统和闭环系统。闭环控制方式通常是具有位置反馈的伺服系统。根据位置检测装置所在位置的不同，闭环系统又分为半闭环系统和全闭环系统。半闭环系统具有将位置检测装置装在丝杠端头和装在电机轴端两种类型。前者把丝杠包括在位置环内，后者则完全置机械传动部件于位置环之外。全闭环系统的位置检测装置安装在工作台上，机械传动部件整个被包括在位置环之内。

开环系统的定位精度比闭环系统低，但它结构简单、工作可靠、造价低廉。由于影响定位精度的机械传动装置的磨损、惯性及间隙的存在，故开环系统的精度和快速性较差。

全闭环系统控制精度高、快速性能好，但由于机械传动部件在控制环内，所以系统的动态性能不仅取决于驱动装置的结构和参数，而且还与机械传动部件的刚度、阻尼特性、惯性、间隙和磨损等因素有很大关系，故必须对机电部件的结构参数进行综合考虑才能满足系统的要求。因此全闭环系统对机床的要求比较高，且造价也较昂贵。闭环系统中采用的位置检测装置有脉冲编码器、旋转变压器、感应同步器、磁尺、光栅尺和激光干涉仪等。

任务2 数控车床发展趋势

数控技术的应用不但给传统制造业带来了革命性的变化，使制造业成为工业化的象征，而且随着数控技术的不断发展和应用领域的扩大，它对国计民生的一些重要行业

(IT、汽车、轻工、医疗等）的发展起着越来越重要的作用，因为这些行业所需装备的数字化已是现代发展的大趋势。当前数控车床呈现以下发展趋势。

1. 高速、高精密化

高速、精密是机床发展永恒的目标。随着科学技术突飞猛进的发展，机电产品更新换代速度加快，对零件加工的精度和表面质量的要求也愈来愈高。为满足这个复杂多变市场的需求，当前机床正向高速切削、干切削和准干切削方向发展，加工精度也在不断地提高。另一方面，电主轴和直线电机的成功应用，陶瓷滚珠轴承、高精度大导程空心内冷和滚珠螺母强冷的低温高速滚珠丝杠副及带滚珠保持器的直线导轨副等机床功能部件的面市，也为机床向高速、精密发展创造了条件。

2. 高可靠性

数控机床的可靠性是数控机床产品质量的一项关键性指标。数控机床能否发挥其高性能、高精度和高效率，并获得良好的效益，关键取决于其可靠性的高低。

3. 数控车床设计 CAD 化、结构设计模块化

随着计算机应用的普及及软件技术的发展，CAD 技术得到了广泛发展。CAD 不仅可以替代人工来完成繁琐的绘图工作，更重要的是可以进行设计方案选择和大件整机的静、动态特性分析、计算、预测及优化设计，可以对整机各工作部件进行动态模拟仿真。在模块化的基础上，在设计阶段就可以看出产品的三维几何模型和逼真的色彩。采用 CAD 技术，还可以大大提高工作效率，提高设计的一次成功率，从而缩短试制周期，降低设计成本，提高市场竞争能力。通过对机床部件进行模块化设计，不仅能减少重复性劳动，而且可以快速响应市场，缩短产品开发设计周期。

4. 功能复合化

功能复合化的目的是进一步提高机床的生产效率，使用于非加工辅助时间减至最少。通过功能的复合化，可以扩大机床的使用范围、提高效率，实现一机多用、一机多能，即一台数控车床既可以实现车削功能，也可以实现铣削加工；或在以铣为主的机床上也可以实现磨削加工。宝鸡机床厂已经研制成功的 CX25Y 数控车铣复合中心，该机床同时具有 X、Z 轴以及 C 轴和 Y 轴。通过 C 轴和 Y 轴，可以实现平面铣削和偏孔、槽的加工。该机床还配置有强动力刀架和副主轴。副主轴采用内藏式电主轴结构，通过数控系统可直接实现主、副主轴转速同步。该机床工件一次装夹即可完成全部加工，极大地提高了效率。

5. 智能化、柔性化和集成化

21 世纪的数控装备将是具有一定智能化的系统。智能化的内容包括在数控系统中的各个方面：为追求加工效率和加工质量方面的智能化，如加工过程的自适应控制，工艺参数自动生成；为提高驱动性能及使用连接方面的智能化，如前馈控制、电机参数的

自适应运算、自动识别负载自动选定模型、自整定等；简化编程、简化操作方面的智能化，如智能化的自动编程、智能化的人机界面等；还有智能诊断、智能监控等方面的内容，以方便系统的诊断及维修等。

数控机床向柔性自动化系统发展的趋势是：从点（数控单机、加工中心和数控复合加工机床）、线（FMC、FMS、FTL、FML）向面（工段车间独立制造岛、FA）、体（CIMS、分布式网络集成制造系统）的方向发展，另一方面向注重应用性和经济性方向发展。柔性自动化技术是制造业适应动态市场需求及产品迅速更新的主要手段，是各国制造业发展的主流趋势，是先进制造领域的基础技术。其重点是以提高系统的可靠性、实用化为前提，以易于联网和集成为目标，注重加强单元技术的开拓和完善。CNC单机向高精度、高速度和高柔性方向发展。数控机床及其构成柔性制造系统能方便地与CAD、CAM、CAPP及MTS等结合，向信息集成方向发展。网络系统向开放、集成和智能化方向发展。

模块二

数控车床编程基础知识

本模块通过对车刀、车床坐标系、刀具安装、对刀、程序、FANUC 系统基础知识的介绍，了解数控车床的基础知识，掌握数控车床的坐标系及编程原理，能够熟练运用 FANUC 0i-TC 系统。

知识目标

- 了解车刀的种类及用途。
- 了解数控车床的坐标系、编程原理并能独立编写中等难度的程序。
- 理解 FANUC 系统数控车床控制面板各键的功能。

技能目标

- 学会正确安装刀具和对刀。
- 熟练操作 FANUC 系数的控制面板。

■ 项目一 常用车刀的种类、用途及切削用量的选择 ■

任务

任务 1 掌握常用车刀的种类

仔细观察以下几种车刀，熟悉每一把车刀的结构特点，判断它们的加工部分。

任务 2 掌握常用车刀的用途

在图 2.1 中，

(a) 图为外圆车刀（90°车刀），主要用于车削工件的外圆、台阶和端面。

(b) 图为端面车刀（45°车刀），主要用于车削工件的外圆、端面和倒角。

(c) 图为切断刀，主要用于切断工件或在工件上车槽。

(d) 图为外螺纹刀，主要用于车削外螺纹。

(e) 图为内孔车刀，主要用于车削工件的内孔圆、内孔台阶。

(f) 图为内孔切断刀，主要用于在工件内孔上车槽。

(g) 图为内孔螺纹刀，主要用于车削内孔螺纹。

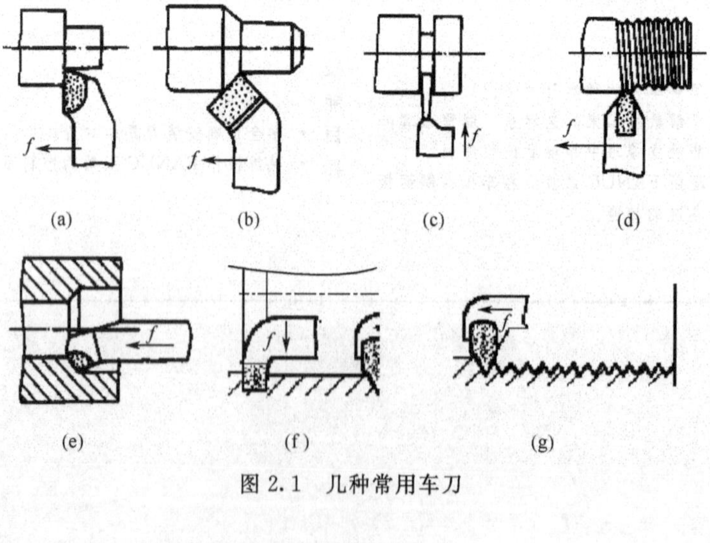

图 2.1 几种常用车刀

任务 3 掌握常用车刀切削用量的选择原则

1. 确定主轴转速

主轴转速应根据允许的切削速度和工件（或刀具）直径来选择。其计算公式为

$$n = 1000v/\pi D$$

式中，v——切削速度，单位为 m/min，由刀具的耐用度决定。

n——主轴转速，单位为 r/min。

D——工件直径或刀具直径，单位为 mm。

计算的主轴转速 n 最后要根据机床说明书选取机床有的或较接近的转速。

2. 进给速度的确定

进给速度是数控机床切削用量中的重要参数，主要根据零件的加工精度和表面粗糙度要求以及刀具、工件的材料性质选取。最大进给速度受机床刚度和进给系统的性能限制。

确定进给速度应遵循如下原则。

1）当工件的质量要求能够得到保证时，为提高生产效率，可选择较高的进给速度。一般在 100～200mm/min 范围内选取。

2）在切断、加工深孔或用高速钢刀具加工时，宜选择较低的进给速度，一般在 20～50mm/min 范围内选取。

3）当加工精度与表面粗糙度要求高时，进给速度应选小些，一般在 20～50mm/min范围内选取。

4）刀具空行程时，特别是远距离“回零”时，可以设定该机床数控系统设定的最高进给速度。

3. 背吃刀量确定

背吃刀量根据机床、工件和刀具的刚度来决定，在刚度允许的条件下，应尽可能使背吃刀量等于工件的加工余量，这样可以减少走刀次数，提高生产效率。为了保证加工表面质量，可留少量精加工余量，一般在 0.2～0.5mm 之间。

总之，切削用量的具体数值应根据机床性能、相关的手册并结合实际经验用类比方法来确定。同时，使主轴转速、切削深度及进给速度三者能相互适应，以形成最佳切削用量。

■ 项目二 数控车床的坐标系和编程方式 ■

任务

任务 1 了解数控机床坐标系的确定原则

1. 坐标轴的确定原则

（1）Z 轴

一般取产生切削力的主轴轴线为 Z 轴，刀具远离工件的方向为正方向。当机床有几个主轴时，选一个与工件装夹面垂直的主轴为 Z 轴。当机床无主轴时，选与工件装夹面垂直的方向为 Z 轴。

(2) X 轴

一般位于与工件装夹面平行的水平面内。对于工件做回转切削运动的机床，在水平面内取垂直工件回转轴线的方向为 X 轴，刀具远离工件的方向为正方向；对于刀具做回转切削运动的机床，当 Z 轴垂直时，人面对主轴，向右为正 X 方向；当 Z 轴水平时，则向左为正 X 方向；对于无主轴的机床，以切削方向为正 X 方向。

(3) Y 轴

根据已经确定的 X 轴和 Z 轴，按右手笛卡儿坐标系确定 Y 轴。

附 右手笛卡儿坐标系：右手的拇指、食指、中指互相垂直，并分别代表＋X、＋Y、＋Z 轴，与＋X、＋Y、＋Z 方向相反的方向用＋X′、＋Y′、＋Z′表示，如图 2.2 所示。

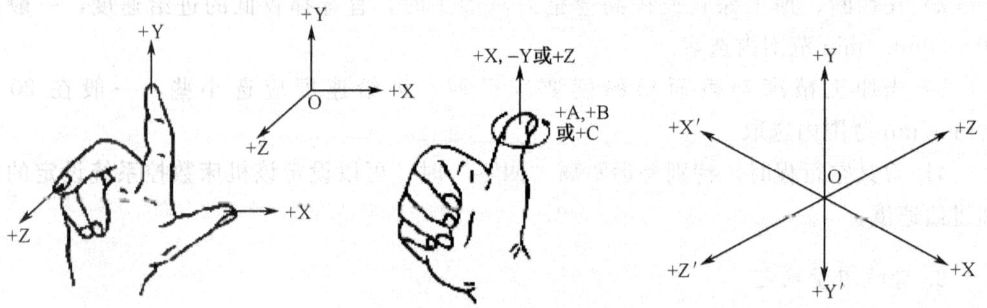

图 2.2 右手笛卡儿坐标系图示

仔细观察图 2.3～图 2.4 所示机床，并判断其 X、Y、Z 轴及其正方向。

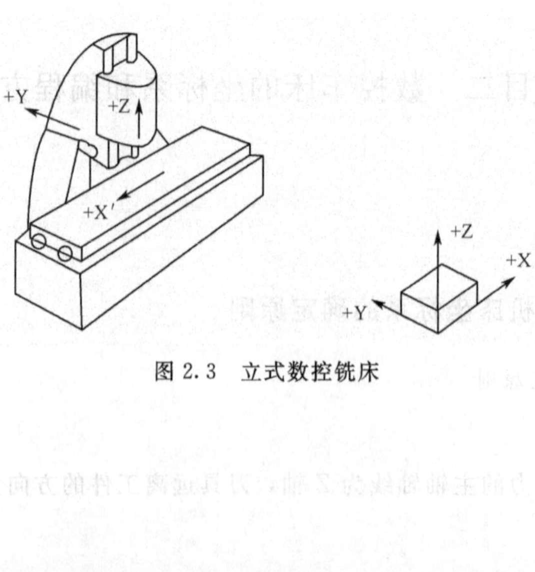

图 2.3 立式数控铣床

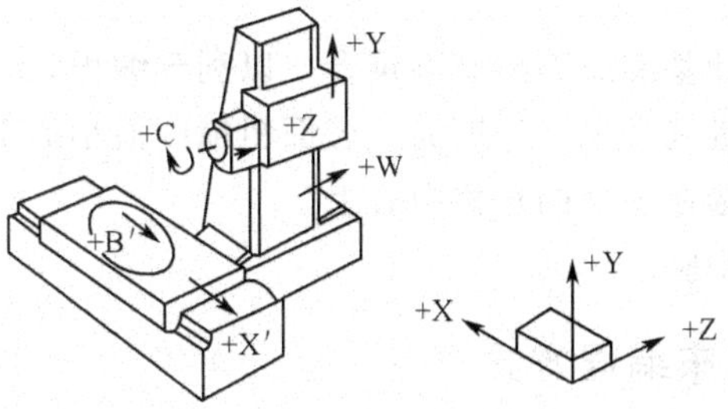

图 2.4 卧式数控铣床

任务 2 掌握数控车床的两种坐标系

如图 2.5 所示，根据数控机床的坐标系确定原则可知，数控车床的坐标系为：刀具远离卡盘的方向为 Z 轴正方向，与 Z 轴在同一个水平面内，垂直于 Z 轴，且刀架远离主轴轴线的方向为 X 轴正方向，因车床无法上下移动，故无 Y 轴。

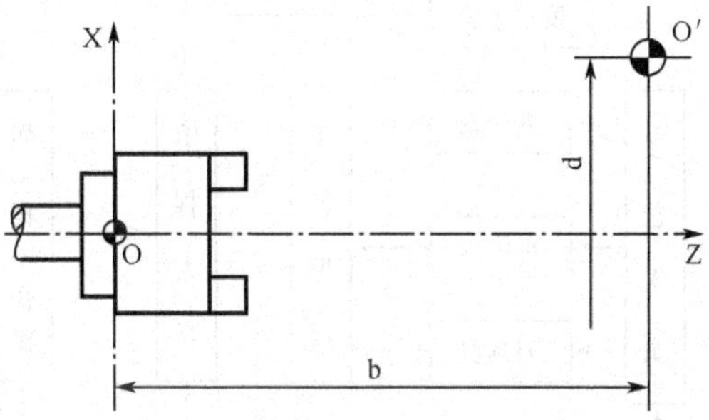

图 2.5 数控车床的机床坐标系

1. 机床坐标系

机床坐标系又称机械坐标系，其坐标和运动方向视机床的种类和结构而定。通常，当数控车床配置后置刀架时，Z 轴与车床导轨平行（取卡盘中心线），正方向是离开卡盘的方向；X 轴与 Z 轴垂直，正方向为刀架远离主轴轴线的方向。机床坐标系的原点又称机床原点或机械原点，为机床上的一个固定不变的点。

注意 机床原点与机床零点是两个不同的概念。机床零点为运动部件正向的极限位置，是机床上另外一个固定不变的点。如图 2.5 中，O 点为机床原点，O′点为机床零点，可见两个点是不同的点。

2. 工件坐标系

工件坐标系又称编程坐标系，是编程时用来定义工件形状和刀具相对运动的坐标系。为保证编程与机床加工的一致性，工件坐标系也应是右手笛卡儿坐标系。工件装夹刀机床上时，应使工件坐标系与机床坐标系的坐标轴的方向保持一致。编程坐标系的原点也称编程原点或工件原点，其位置由编程者确定，工件原点的设置一般应遵循下列原则。

1）工件原点与设计基准或装配基准重合，以利于编程。

2）工件原点应尽量选在尺寸进度高、表面粗糙度值小的工件表面上。

3）工件原点最好选在工件的对称中心上。

4）要便于测量和检验。

任务3 了解数控车床编程方式

常见的数控车床编程方式有手动编程和计算机自动编程两种。

1. 手动编程

手动编程是指在编程过程中，全部或主要由人工进行。对于加工形状简单、计算量小、程序不多的零件，采用手动编程比较简单、经济且效率高。

手动编程的流程如图 2.6 所示。

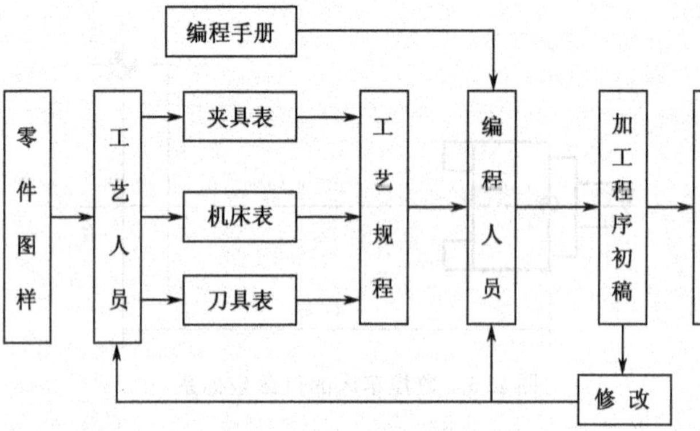

图 2.6 手动编程

2. 计算机自动编程

自动编程是指在编程过程中，除了分析零件图样和制定工艺方案由人工进行外，其余工作均由计算机辅助完成。

采用计算机自动编程时，数学处理、编写程序、检验程序等工作是由计算机自动完成的，由于计算机可自动绘制出刀具中心运动轨迹，使编程人员及时检查程序是否正确，需要时可及时修改，以获得正确的程序。又由于计算机自动编程代替程序编制人员完成了繁琐的数值计算工作，使得编程效率提高了几十倍乃至上百倍，因此解决了手动编程无法解决的许多复杂零件的编程难题。因而，自动编程的特点就在于编程工作效率高，可解决复杂形状零件的编程难题。

根据输入方式的不同，可将自动编程分为图形数控自动编程、语言数控自动编程和语音数控自动编程等。图形数控自动编程是指将零件的图形信息直接输入计算机，通过自动编程软件的处理，得到数控加工程序。目前，图形数控自动编程是使用最为广泛的自动编程方式。语言数控自动编程指将加工零件的几何尺寸、工艺要求、切削参数及辅助信息等用数控语言编写成源程序后，输入到计算机中，再由计算机进一步处理得到零件加工程序。

■ 项目三　刀具的安装与对刀 ■

任务

任务 1　掌握安装车刀的原则

观察图 2.7，总结安装车刀原则。

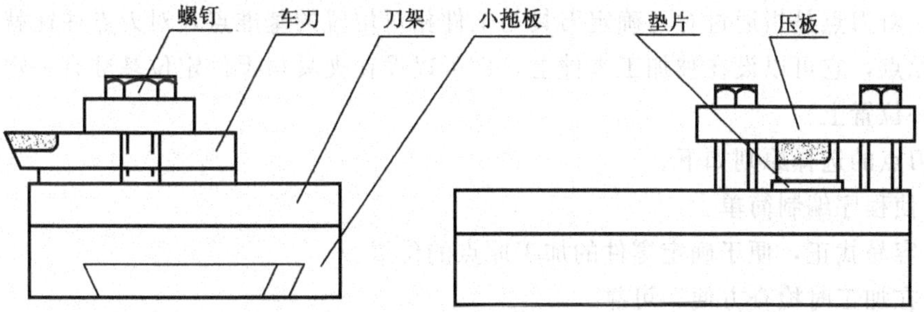

图 2.7　车刀安装图

安装车刀应遵循如下原则

1）车刀不能伸出刀架太长，应尽可能伸出得短些。因为车刀伸出过长，刀杆刚性相对减弱，切削时在切削力的作用下，容易产生振动，使车出的工件表面不光洁。一般车刀伸出的长度不超过刀杆厚度的 1.5 倍（如图 2.7 所示）。

2）车刀刀尖的高低应对准工件的中心。车刀安装得过高或过低都会引起车刀角度的变化而影响切削。根据经验，粗车外圆时，可将车刀装得比工件中心稍高一些；精车外圆时，可将车刀装得比工件中心稍低一些，这要根据工件直径的大小来决定，无论装高或装低，一般不能超过工件直径的 1%。

3）装车刀用的垫片要平整，尽可能地减少片数，一般只用 2 或 3 片。如垫刀片的片数太多或不平整，会使车刀产生振动，影响切削。

4）车刀装上后，要紧固刀架螺钉，一般要紧固两个螺钉。紧固时，应轮换逐个拧紧。同时要注意，一定要使用专用扳手，不允许再加套管等，以免使螺钉受力过大而损伤。

任务 2　了解车床手动对刀的原理

数控加工中应首先确定零件的加工原点，以建立准确的加工坐标系，同时还要考虑不同刀具尺寸对加工的影响，这些都需要通过对刀来解决。对刀的准确与否，直接影响到加工零件的精度；对刀方法的处理，则影响数控机床的操作。

1. 编程原点、加工坐标原点的概念

编程原点即根据加工图样选定的编写零件程序的原点，即编程坐标系的原点。

数控机床运行程序进行自动加工时，刀具运动的轨迹是程序给定的坐标值控制的，这种坐标值的参照系称为加工坐标系，它的坐标原点称为加工坐标原点。

零件被定位装夹于机床后，相应的编程坐标原点在机床坐标系中的位置应与工件的加工原点重合，编程人员在编写程序时，需根据零件图样选定编程原点，建立编程坐标系，并在程序中用指令指定编程原点在机床中的位置，即工件的加工原点，建立起工件的加工坐标系。

2. 对刀的原理

对于数控机床来说，加工前首先要确定刀具与工件的相对位置，它是通过对刀点来实现的。对刀点是指通过对刀确定刀具与工件相对位置的基准点，对刀点往往就是零件的加工原点，它可以设在被加工零件上，也可以设在夹具与零件定位基准有一定尺寸联系的某一位置上。

对刀点的选择原则如下。

1）使程序编制简单。

2）容易找正，便于确定零件的加工原点的位置。

3）在加工时检查方便、可靠。

4）有利于提高加工精度。

在使用对刀点确定加工原点时，就需要进行“对刀”。对刀是指“刀位点”与“对刀点”重合的操作，“刀位点”是指刀具的定位基准点，对于车刀来说，其刀位点是刀尖。对刀的目的是确定对刀点（或工件原点）在机床坐标系中的绝对坐标值，测量刀具的刀位偏差值。

当加工同一工件要使用多把不同的刀具时，在换刀位置不变的情况下，不同的刀具其刀位点到工件基准点的相对坐标值是不同的，这就要求不同的刀具在不同的起始位置开始加工时，都能保证程序正常运行。为了解决这个问题，机床数控系统配备了刀具补正的功能，利用刀具补正功能，只要事先把每把刀相对于某一预先选定的基准刀的位置偏差测量出来，输入到数控系统的刀具参数补正栏指定组号里，在加工程序中利用 T 指令，即可在刀具轨迹中自动补偿刀具位置偏差。刀具位置偏差的测量同样亦需通过对刀来进行。

任务 3　掌握车床手动对刀的方法

在数控加工中，对刀的基本方法有手动对刀、对刀仪对刀、ATC 对刀和自动对刀等方式。

手动对刀的基础是通过试切零件来对刀，采用“试切—测量—调整”的对刀模式。手动对刀要较多地占用机床时间，但由于方法简单，所需辅助设备少，因此普遍应用于经济型数控机床中。采用对刀仪对刀则需对刀仪辅助设备，成本较高，但可节省机床的对刀时间，提高对刀的精度，一般用于精度要求较高的数控机床中。ATC方式对刀时，由于操纵对刀镜以及对刀过程还是手动操作，故仍有一定的对刀误差。自动对刀与前面的对刀方法相比，减少了对刀误差，提高了对刀精度和对刀效率，但CNC系统必须具备刀具自动检测的辅助功能，系统较复杂，一般用于高档数控机床中。

下面以FANUC 0i-TC系统数控车床为例，说明手动对刀的具体操作方法。

1）机床回零。

2）在操作面板上选择JOG运行方式。

3）启动主轴，按照所选刀具种类及切削方式选择主轴正转或反转。

4）快速移动刀架，使车刀靠近工件。

5）车工件端面，进行Z方向对刀（此时刀架不能沿Z方向移动），如图2.8所示。

6）在操作面板上按offset按钮，并在出现的页面上输入Z0，然后按“测量”按钮，完成Z方向对刀，如图2.9所示。

图2.8 车削端面

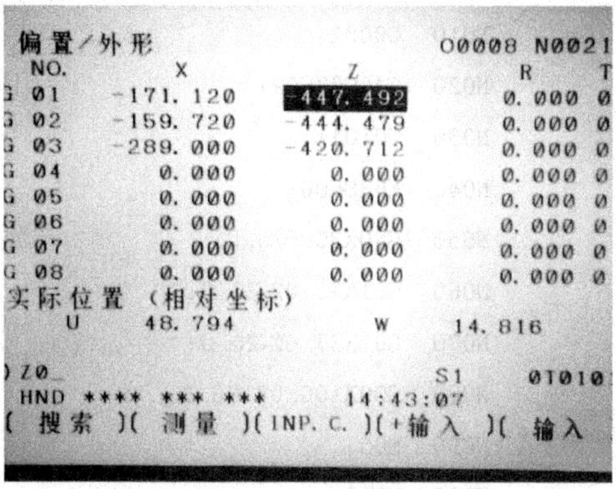

图2.9 Z方向对刀

7）车工件外圆，进行X方向对刀（此时刀架不能沿X方向移动，且切削外圆时不要切削太深，以1～2mm为宜，切削长度一般为5～10mm，以能方便测量为准），如图2.10所示。

8）沿Z方向退刀，并使主轴停转。

9）测量被切削的部分的直径值，并记录下来。

图2.10 车削外圆

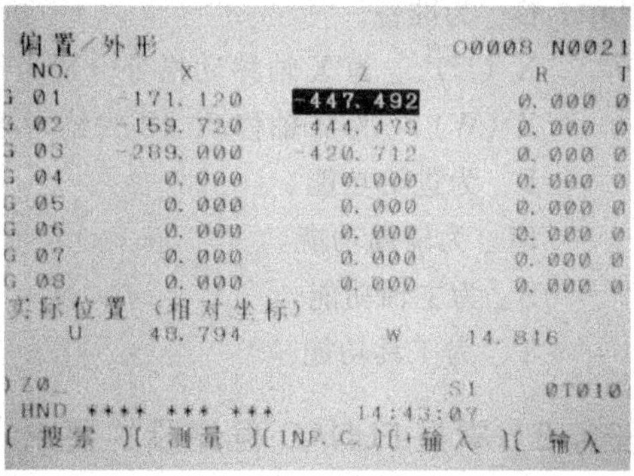

图2.11 X方向对刀

10）在操作面板上按 offset 按钮，并在出现的页面上输入 X 加上步的测量值，然后按“测量”按钮，完成 X 方向对刀，如图 2.11 所示。

11）重复第 3）～10）步，可完成多把刀的对刀。

■ 项目四　程序的结构和格式 ■

任务

任务 1　掌握 FANUC 系统程序的结构和格式

下面是一个加工台阶轴的程序，请仔细观察。

```
N010  O0001;
N020  G40G97G99;
N030  T0101;
N040  M03S600;
N050  G00X30.0Z5.0;
N060  G01X30.0Z-20.0;
N070  G01X37.0Z-20.0;
N080  G00X100.0Z100.0;
N090  M05;
N100  M30;
```

一个完整的程序由程序文件名和程序段（程序段包括程序段顺序号、程序指令）两大部分组成。其中“O0001”为该程序的文件名，文件名的构成为以大写字母“O”开头，后面跟四位数字（0000～9999）；程序段中 N010～N090 为程序段顺序号，顺序号的构成为以大写字母“N”开头，后面跟数字；其余部分为程序指令，程序指令构成为

```
G_X(U)_Z(W)_F_M_S_T_;
```

其中，G _ 为准备。

X（U）_ 为 X 轴移动指令（X 为绝对坐标，U 为相对坐标）。

Z（W）_ 为 Z 轴移动（Z 为绝对坐标，W 为相对坐标）。

F _ 为进给功能。

M _ 为辅助功能。

S _ 为主轴功能。

T _ 为工具功能。

任务 2　掌握 FUNAC 程序段的要求

完整程序段格式如下。

N4 G1 X(U) ± 4.3 Z(W) ± 4.3 F3.4 M8 S4 T2

其中，N4 为代表第 4 个程序段，用 4 位数（1～9999）表示，不允许为“0”。

X（U）±4.3 为坐标可以用正/负小数表示，小数点以前 4 位数，小数点以后 3 位数。

F3.4 为进给速度，可以用小数表示，小数点以前 3 位数，小数点以后 4 位数。

几种等效的表示方法如下。

```
N0012   G00   M08   X0012.340   X5.000   X5.0
  ↓      ↓     ↓       ↓          ↓        ↓
 N12     G0    M8    X12.34      X5.      X5.
```

■ 项目五 FANUC 0i-TC 系统的指令代码 ■

任务

任务 1 FANUC 0i-TC 系统的指令功能

熟悉并掌握表 2.1 中 FANUC 0i-TC 系统的功能指令。

表 2.1 FANUC 0i-TC 系统的功能指令一览表

功 能	指令符号	意 义
程序号码	O(EIA)	数控程序号
程序段序号	N	程序段序号
准备功能	G	指定数控机床的运行方式
	X、Z、U、W	在各个坐标轴上的移动指令
	R	圆弧半径、倒圆角
	C	倒角量
	I、K	圆弧中心的坐标
进给功能	F	指定进给速度、指定螺纹螺距
主轴功能	S	指定主轴的回转速度
工具功能	T	指定刀具号、指定刀具补偿编号
辅助功能	M	指定辅助功能的开关控制
	P、U、X	停刀的时间
指定程序号	P	指定程序执行的编号
指定程序段序号	P、Q	指定程序执行和返回的程序段序号
	P	子程序的重复操作次数

任务 2 FANUC 0i-TC 准备功能指令

熟悉并掌握表 2.2 中 FANUC 0i-TC 系统的常用准备功能指令。

表 2.2 常用准备功能指令一览表

G 代码	功 能
G00	定位(快速进给)
G01	直线插补(切削进给)
G02	圆弧插补(顺时针)
G03	圆弧插补(逆时针)
G04	暂停
G27	返回参考点检测
G28	返回参考点
G32	螺纹切削
G40	取消刀尖 R 补偿
G41	刀尖 R 补偿(左)
G42	刀尖 R 补偿(右)
G50	设定坐标系、设定主轴最高转速
G92	螺纹切削循环
G98	每分进给
G99	每转进给

模块三

数控车床编程入门

本模块主要介绍数控车床的编程原理，入门指令和简单固定循环的编程格式，通过这一模块的学习，能掌握简单轴套类、带槽和螺纹工件的加工。

知识目标

- 掌握直线、圆弧编程的原理及刀具半径补偿原理。
- 掌握各编程指令的编程格式并能编写加工程序。

技能目标

- 能独立地分析图纸、编写加工工艺和加工程序。
- 能独立操作数控车床根据编写的程序加工出工件并控制好精度。

■ 项目一　数控车床编程原理简介 ■

任 务

任务 1　回顾普通车床车削原理

仔细分析图 3.1，回想在普通车床上加工该工件时车刀的加工方法。

方法一　首先车削该工件的尺寸最大处，即∅40 外圆，之后再车削∅20 外圆处，走刀路径如图 3.2 所示。

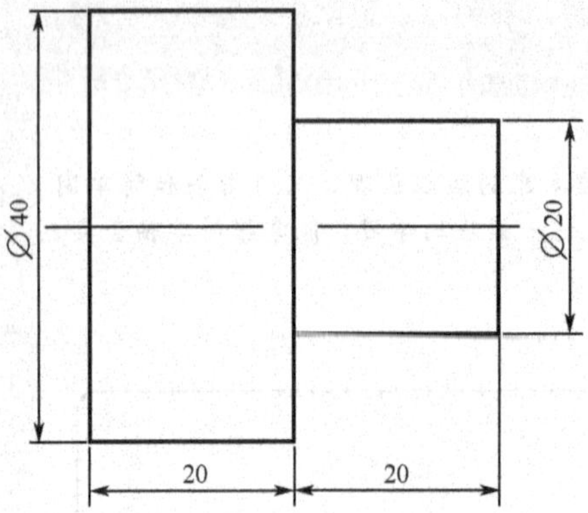

图 3.1　工件示意图

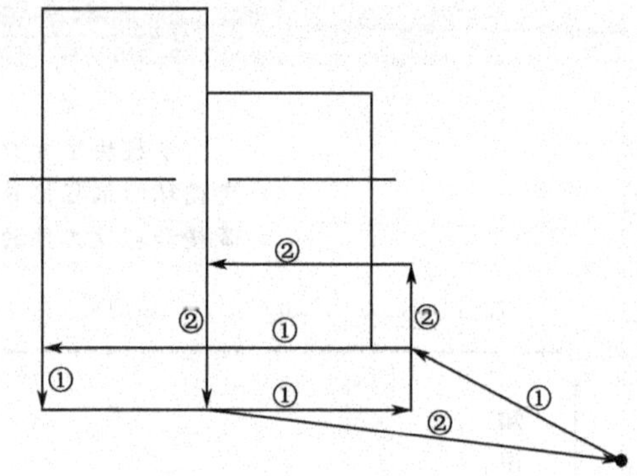

图 3.2　方法一的走刀路径

①号线为车削∅40 外圆走刀路径，②号线为车削∅20 外圆走刀路径。

数控车床车削工件的走刀与普通车床是一样的，只不过普通车床是通过手控制走刀，而数控车床是通过程序来控制的。也就是说数控车床编程只要将车刀的走刀路线通过程序的格式编写出来，编程基本上也就完成了。

思考　除了上述车削方式之外，还有没有其他的车削该工件的方法？

方法二　先车削∅20 外圆，再车削∅40 外圆，如图 3.3 所示。

①号线为车削∅20 外圆的第一刀，②号线为车削∅20 外圆的第二刀，③号线为车削∅40 外圆的走刀路径。

方法三　∅20 外圆和∅40 外圆处一起车削，如图 3.4 所示。

①号线为第一刀车削，②号线为第二刀车削。

附　方法一的程序如下。

```
N010 G00X40.0Z5.0;
N020 G01X40.0Z-40.0;
N030 G01X52.0Z-40.0;
N040 G00X52.0Z5.0;
```

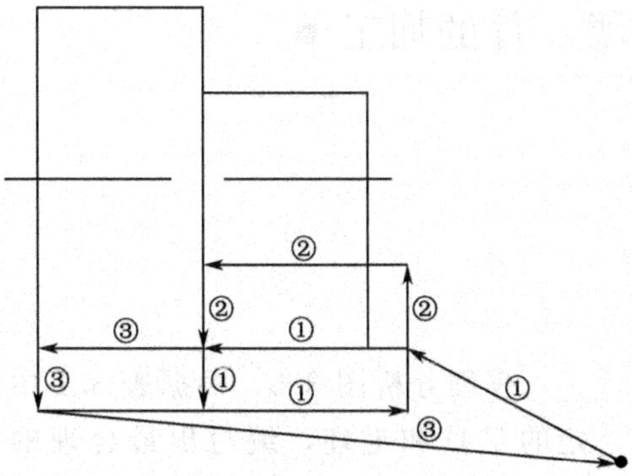

图 3.3 方法二的走刀路线

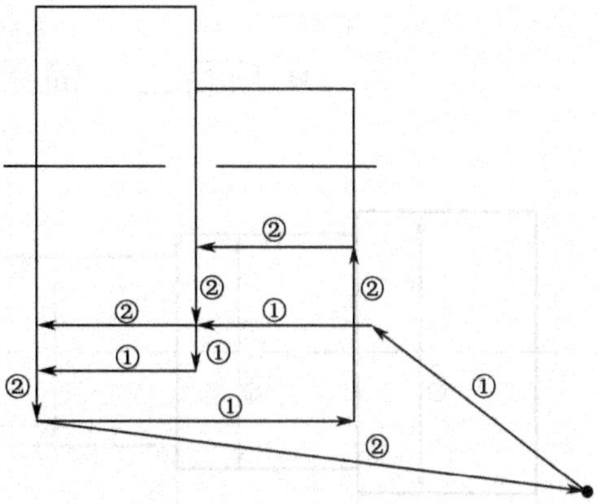

图 3.4 方法三的走刀路线

```
N050 G00X20.0Z5.0;
N060 G01X20.0Z-20.0;
N070 G01X42.0Z-20.0;
N080 G00X100.0Z100.0;
```

方法二的程序如下。

```
N010 G00X40.0Z5.0;
N020 G01X40.0Z-20.0;
N030 G01X52.0Z-20.0;
N040 G00X52.0Z5.0;
N050 G00X20.0Z5.0;
N060 G01X20.0Z-20.0;
N070 G01X40.0Z-20.0;
N080 G01X40.0Z-40.0;
N090 G01X52.0Z-40.0;
N100 G00X100.0Z100.0;
```

方法三的程序如下。

```
N010 G00X40.0Z5.0;
N020 G01X40.0Z-20.0;
N030 G01X50.0Z-40.0;
N040 G01X52.0Z-40.0;
N050 G00X52.0Z5.0;
N060 G00X20.0Z5.0;
N070 G01X20.0Z-20.0;
N080 G01X40.0Z-20.0;
N090 G01X40.0Z-40.0;
N100 G01X52.0Z-40.0;
N110 G00X100.0Z100.0
```

总结 通过观察上述三个程序，我们可以看出方法一的程序是最短的，也就是效率最高的，而且编程也是最简单的，所以我们目前选用的编程方法就是方法一。

■ 项目二 简单轴类工件的加工 ■

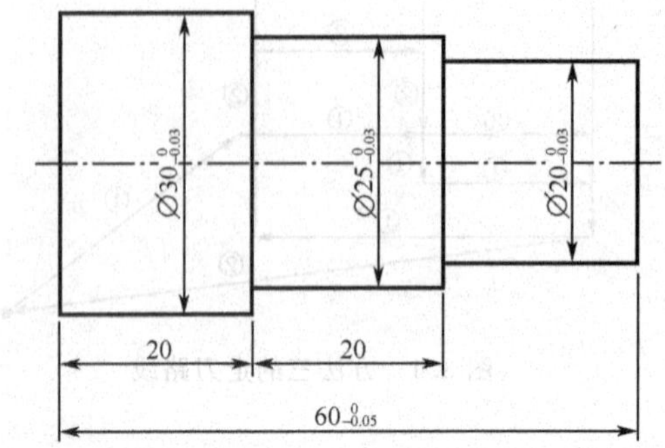

图 3.5 工件图示

仔细分析图 3.5，根据表 3.1 中给定的工具和毛坯，编写出最合理的程序，加工出符合要求的工件。

表 3.1 工/量具准备通知单

分 类	名 称	尺寸规格	数 量	备 注
材料	塑料	Ø35×65	1 根	
刀具	93°外圆车刀	20mm	1 把	夹固式车刀
	90°外圆车刀	20mm	1 把	
工具	锉刀		1 套	修理工件
	铜片		若干	
	夹紧工具		1 套	
	刷子		1 把	
	油壶		1 把	
	清洗油		若干	
量具	0～150mm 游标卡尺		1 把	
	0～25mm 径千分尺		1 把	
	25～50mm 径千分尺		1 把	
其他	草稿纸		适量	
	计算器			
	工作服			
	护目镜			

◀◀◀ 任务

任务 1 编写程序

1. 工艺分析

1）车削工件右边端面。

2）车削工件右边∅25 外圆。

3）车削工件右边∅20 外圆。

4）掉头保证工件长度在规定范围内。

5）车削工件左边∅30 外圆。

2. 编制程序

编制的程序请参阅表 3.2～表 3.5 及其说明。

表 3.2 车削右边的粗加工程序

程序段号	程序内容	说 明
N010	%	程序开始符
N020	O0001；	程序名
N030	T0101；	调用 90°外圆车刀
N040	G40M03S800；	主轴正转，转速 800r/min
N050	G42G00X25.0Z5.0；	快速进给至加工起始点，并加刀具补偿
N060	G01X25.0Z-40.0F150；	车削∅25 外圆
N070	G01X37.0Z-40.0；	提刀
N080	G00X37.0Z5.0；	退刀
N090	G00X20.0Z5.0；	快速进给至车削∅20 外圆处
N100	G01X20.0Z-20.0；	车削∅20 外圆
N110	G01X27.0Z-20.0；	提刀
N120	G40G00X100.0Z100.0；	退刀
N130	M05；	主轴停转
N140	M30；	程序结束

表 3.3 车削右边的精加工程序

程序段号	程序内容	说 明
N010	%	程序开始符
N020	O0002；	程序名
N030	T0202；	换 93°外圆车刀
N040	G40M03S1200；	主轴正转，转速 1200r/min
N050	G42G00X20.0Z5.0；	快速进给至加工起始点，并加刀具补偿
N060	G01X20.0Z-20.0F100；	车削∅20 外圆
N070	G01X25.0Z-20.0；	车削∅25 外圆右端面
N080	G01X25.0Z-40.0；	车削∅25 外圆
N090	G01X37.0Z-40.0；	提刀
N100	G40G00X100.0Z100.0；	退刀
N110	M05；	主轴停转
N120	M30；	程序结束

表 3.4 车削左边的粗加工程序

程序段号	程序内容	说 明
N010	%	程序开始符
N020	O0003；	程序名
N030	T0101；	换 90°外圆车刀
N040	G40M03S800；	主轴正转，转速 800r/min
N050	G42 G00X30.0Z5.0；	快速进给至加工起始点
N060	G01X30.*0Z-21.0* F150；	车削∅30 外圆
N070	G01X37.0Z-21.0；	提刀
N080	G40G00X100.0Z100.0；	退刀
N090	M05；	主轴停转
N100	M30；	程序结束

表 3.5 车削左边的精加工程序

程序段号	程序内容	说 明
N010	%	程序开始符
N020	O0004；	程序名
N030	T0101；	换 90°外圆车刀
N040	G40M03S1200；	主轴正转，转速 1200r/min
N050	G42 G00X30.0Z5.0；	快速进给至加工起始点
N060	G01X30.*0Z-21.0* F100；	车削∅30 外圆
N070	G01X37.*0Z-21.0*；	提刀
N080	G40G00X100.0Z100.0；	退刀
N090	M05；	主轴停转
N100	M30；	程序结束

思考　上述车削左边的粗加工程序中的斜体 Z-21.0 中为什么不是 Z-20.0？

任务 2 加工工件

加工工件的步骤如下。

1）开启机床。

2）安装刀具和毛坯。

3）将车削右边的粗加工程序输入。

4）对刀。

5）设置刀补（根据机床实际情况，可适当设定刀具磨损值，本机床设为 0.5mm）。

6）点击循环启动，自动加工工件。

7）将车削右边的精加工程序输入。

8）点击循环启动，进行精加工。

9）加工完毕后，测量工件尺寸与实际尺寸的差值，然后在刀具磨损中修改差值。

如实际尺寸为∅20.7。实际需要的尺寸为∅20，则在刀具磨损中将原来数字减去(∅20.7－∅20)。

10）重复第8）～9）步骤，直至工件尺寸合格为止。

11）掉头，夹住工件∅25处，但不要夹到∅30端面处，预留3mm左右。

12）输入车削左边的粗加工程序。

13）对刀。

14）设置刀补（根据机床实际情况，可适当设定刀具磨损值，本机床设为0.5mm）。

15）点击循环启动，自动加工工件。

16）将车削左边的粗加工程序修改为精加工程序。

17）点击循环启动，进行精加工。

18）加工完毕后，测量工件尺寸与实际尺寸的差值，然后在刀具磨损中修改差值。

19）重复第17）～18）步骤，直至工件尺寸合格为止。

20）加工完毕，卸下工件，打扫机床卫生。

任务3　掌握G00指令与G01指令的使用方法

1. G00 定位指令

G00为快速进给指令，指令格式如下：

```
G00X_Z_;
```

其中，X、Z为所要到达点的坐标值。如图3.6所示，由A点快速进给至B点，可写为

```
G00X20.0Z5.0;
```

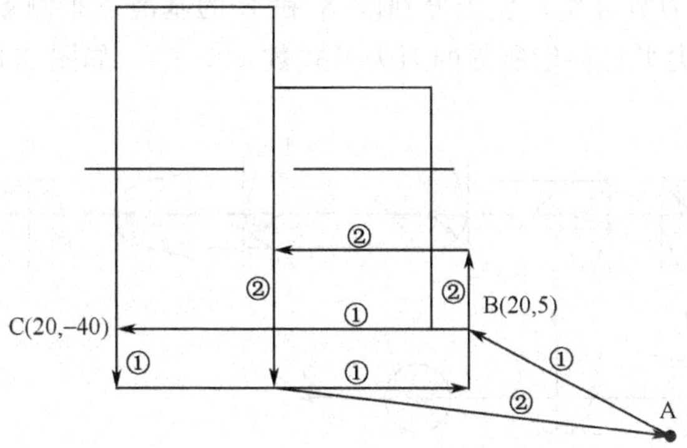

图3.6　快速车削工件

①号线为车削∅40外圆走刀路径，②号线为车削∅20外圆走刀路径。

2. G01 直线插补指令

指令格式如下：

```
G01X_Z_F_;
```

其中，X、Z分别为所要到达点的坐标值，F为直线插补时的进给速度。

如图3.6中，要从B点直线进给至C点，可写为

G01X20.0Z-40.0F150;

3. 刀具补偿的原理

(1) 刀尖半径

刀尖半径即车刀刀尖部分为一圆弧构成假想的半径值，一般车刀均有刀尖半径，用于车外径或端面时，刀尖圆弧大小并不起作用，但用于车倒角、锥面或圆弧时则会受到影响，因此在编制数控车削程序时，必须给予考虑。

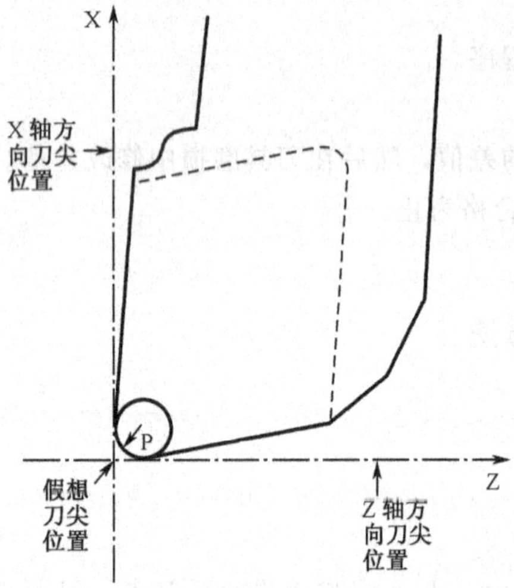

图 3.7 假想刀尖位置

(2) 假想刀尖

所谓假想刀尖如图 3.7 所示，P 为该刀具的假想刀尖，相当于实际的刀尖头。

“刀尖半径偏置”应当用 G00 或者 G01 功能来下达命令或取消。刀尖半径偏置的命令应当在切削进程启动之前完成；并且能够防止从工件外部起刀带来的过切现象。反之，要在切削进程之后用移动命令来执行刀尖半径偏置的取消。

补偿的原则取决于刀尖圆弧中心的动向，它总是与切削表面法向里的半径矢量不重合。因此，补偿的基准点是刀尖中心。通常，刀具长度和刀尖半径的补偿是按一个假想的刀刃为基准的，因此为测量带来一些困难。

把这个原则用于刀具补偿，应当分别以 X 和 Z 的基准点来测量刀具长度刀尖半径 R，以及用于假想刀尖半径补偿所需的刀尖形式数（0～9），如图 3.8 所示。

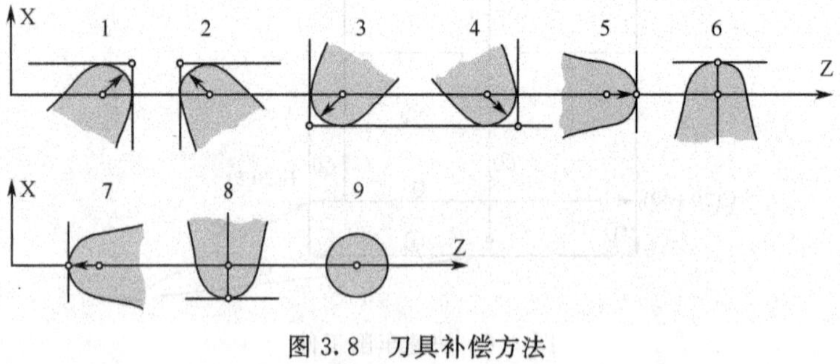

图 3.8 刀具补偿方法

4. 刀具半径补偿在程序中的使用

1）G40：取消刀补指令，即将前面设定的刀补值取消。

2）G41：左刀补指令，即调用左刀补。沿着刀具运动方向看过去，刀具在工件左边时，用左刀补指令。

3）G42：右刀补指令，即调用右刀补。沿着刀具运动方向看过去，刀具在工件右边时，用右刀补指令。

提示

1）程序中的X、Z为坐标值，值得一提的是，X坐标可以是该点的直径值也可以是该点的半径值，可以通过修改机床设定而改变。

2）程序中的X、Z为绝对坐标，同时也可以写为U、W相对坐标。

3）在G01、G00的使用中，G00为快速进给指令，非加工指令，而G01为加工指令。在加工过程中若不切削工件，则可用G00指令，若切削工件则必须用G01指令。

4）F为模态指令，所谓模态指令即一经程序段中指定，便一直有效，直到后面出现同组另一指令或被其他指令取消时才有效。

任务4　评价并总结

请你对照评分表3.6和自己加工的工件，给自己一个正确的评价，并找出在学习过程中遇到的问题及解决方法，进行认真总结。

表3.6　自我鉴定表

鉴定项目及标准	配　分	自　检	结　果	得　分	备　注
用试切法对刀	10				
$\varnothing 30_{-0.033}^{0}$	15				
$\varnothing 25_{-0.033}^{0}$	15				
$\varnothing 20_{-0.033}^{0}$	15				
20(两处)	20				
$60_{-0.05}^{0}$	15				
精度检验及误差分析	10				
合　计					
总结					

实　训

课后练习

仔细分析图3.9，编写出最合理的程序，加工出合要求的工件。

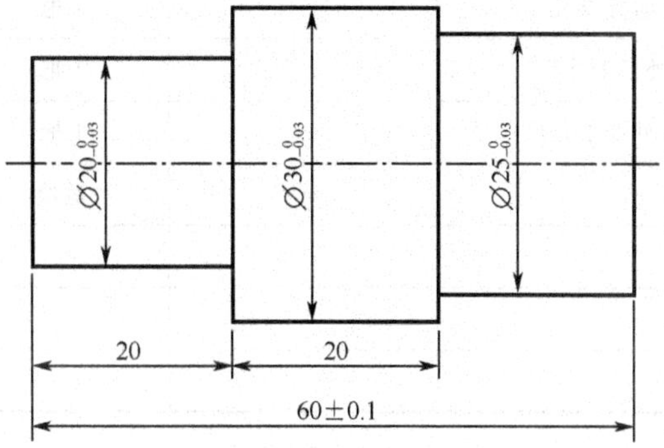

图3.9　工件图示

■ 项目三　带外圆锥面工件的加工 ■

仔细分析图 3.10，根据表 3.7 中给定的工具和毛坯，编写出最合理的程序，加工出合要求的工件。

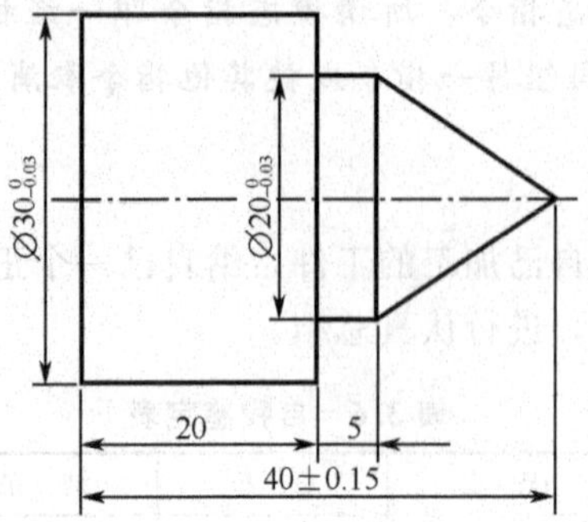

图 3.10　带外圆锥面的工件

表 3.7　工/量具准备通知单

分　类	名　称	尺寸规格	数　量	备　注
材料	塑料	∅35×65	1 根	
刀具	93°外圆车刀	20mm	1 把	夹固式车刀
	90°外圆车刀	20mm	1 把	
工具	锉刀		1 套	修理工件
	铜片		若干	
	夹紧工具		1 套	
	刷子		1 把	
	油壶		1 把	
	清洗油		若干	
量具	0～150mm 游标卡尺		1 把	
	0～25mm 外径千分尺		1 把	
	25～50mm 外径千分尺		1 把	
其他	草稿纸		适量	
	计算器			
	工作服			
	护目镜			

任务

任务1 编写程序

1. 工艺分析

1）车削工件左边∅30端面。
2）车削工件左边∅30外圆。
3）掉头夹住∅30外圆处，预留3mm左右。
4）车削工件右边∅20外圆。
5）车削工件右边锥度。

2. 程序编制

程序编制请参阅表3.8～表3.11及其说明。

表3.8 车削左边的粗加工程序

程序段号	程序内容	说明
N010	%	程序开始符
N020	O0001；	程序名
N030	T0101；	调用90°外圆车刀
N040	G40M03S800；	主轴正转，转速800r/min
N050	G42G00X30.0Z5.0F150；	快速进给至加工起始点，并加刀具补偿
N060	G01X30.0Z-21.0；	车削∅30外圆
N070	G01X37.0Z-21.0；	提刀
N080	G40G00X100.0Z100.0；	退刀
N090	M05；	主轴停转
N100	M30；	程序结束

表3.9 车削左边的精加工程序

程序段号	程序内容	说明
N010	%	程序开始符
N020	O0002；	程序名
N030	T0202；	调用93°车刀
N040	G40 M03S1200；	主轴正转，转速1200r/min
N050	G42G00X30.0Z5.0F100；	快速进给至加工起始点，并加刀具补偿
N060	G01X30.0Z-21.0；	车削∅30外圆
N070	G01X37.0Z-21.0；	提刀
N080	G40G00X100.0Z100.0；	退刀
N090	M05；	主轴停转
N100	M30；	程序结束

表 3.10 车削右边的粗加工程序

程序段号	程序内容	说　明
N010	%	程序开始符
N020	O0003;	程序名
N030	T0101;	调用 90°车刀
N040	G40 M03S800;	主轴正转,转速 800r/min
N050	G42G00X25.0Z5.0F150;	快速进给至加工起始点,并加刀具补偿
N060	G01X25.0Z-20.0;	车削∅25 外圆
N070	G01X32.0Z-20.0;	提刀
N080	G00X32.0Z5.0;	退刀
N090	G00X20.0Z5.0;	快速进给至∅20 外圆处
N100	G01X20.0Z-20.0;	车削∅20 外圆
N110	G01X32.0Z-20.0;	提刀
N120	G00X32.0Z5.0;	退刀
N130	G01X10.0Z0;	直线进给至车削锥度起始点
N140	G01X20.0Z-15.0;	第一刀车削锥度
N150	G01X22.0Z-15.0;	提刀
N160	G00X22.0Z5.0;	退刀
N170	G01X0Z0;	直线进给至车削锥度起始点
N180	G01X20.0Z-15.0;	第二刀车削锥度
N190	G01X22.0Z-15.0;	提刀
N200	G40G00X100.0Z100.0;	退刀
N210	M05;	主轴停转
N220	M30;	程序结束

表 3.11 车削右边的精加工程序

程序段号	程序内容	说　明
N010	%	程序开始符
N020	O0004;	程序名
N030	T0202;	调用 93°车刀
N040	G40 M03S1200	主轴正转,转速 1200r/min
N050	G42G00X0Z5.0F100;	快速靠近工件
N060	G01X0Z0;	直线进给至加工起始点
N070	G01X20.0Z-15.0;	车削锥度
N080	G01X20.0Z-20.0;	车削∅20 外圆
N090	G01X32.0Z-20.0;	提刀
N100	G40G00X100.0Z100.0;	退刀
N110	M05;	主轴停转
N120	M30;	程序结束

提示 车削锥度依然用 G01 直线插补指令。

任务 2 加工工件

加工工作步骤如下。

1）开启机床。

2）安装刀具和毛坯。

3）将车削左边的粗加工程序输入。

4）对刀。

5）设置刀补。

6）点击循环启动，自动加工工件。

7）将车削左边的精加工程序输入。

8）点击循环启动，进行精加工。

9）加工完毕后，测量工件尺寸与实际尺寸的差值，然后在刀具磨损中修改差值。

10）重复第 8）～9）步骤，直至工件尺寸合格为止。

11）掉头，夹住工件∅30 处，但不要夹到∅30 右端面处，预留 3mm 左右。

12）输入车削右边的粗加工程序。

13）对刀。

14）设置刀补。

15）点击循环启动，自动加工工件。

16）将车削左边的粗加工程序修改为精加工程序。

17）点击循环启动，进行精加工。

18）加工完毕后，测量工件尺寸与实际尺寸的差值，然后在刀具磨损中修改差值。

19）重复第 17）～18）步骤，直至工件尺寸合格为止。

20）加工完毕，卸下工件，打扫机床卫生。

任务 3 评价并总结

请你对照评分表 3.12 和自己加工的工件，给自己一个正确的评价，并找出在学习过程中遇到的问题及解决方法，认真总结。

表 3.12 自我鉴定表

鉴定项目及标准	配 分	自 检	结 果	得 分	备 注
用试切法对刀	10				
$\varnothing 30_{-0.033}^{0}$	20				
$\varnothing 20_{-0.033}^{0}$	20				
20	10				
5	10				
40±0.15	20				
精度检验及误差分析	10				
总 结					

实 训

课后练习

仔细分析图 3.11，编写出最合理的程序，加工出合要求的工件。

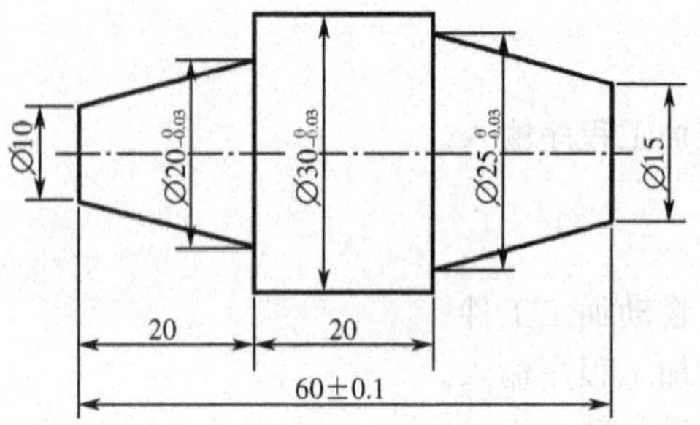

图 3.11　实训工件图示

■ 项目四　带圆弧的简单轴类工件的加工 ■

仔细分析图 3.12，根据表 3.13 中给定的工具和毛坯，编写出最合理的程序，加工出合要求的工件。

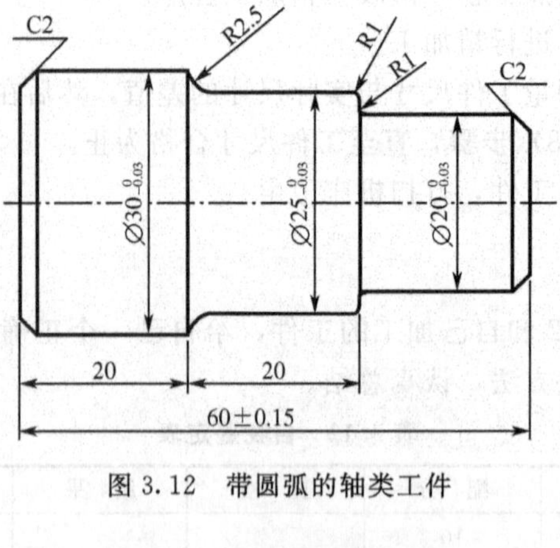

图 3.12　带圆弧的轴类工件

表 3.13　工/量具准备通知单

分　类	名　称	尺寸规格	数　量	备　注
材料	塑料	Ø35×65	1根	
刀具	93°外圆车刀	20mm	1把	夹固式车刀
	90°外圆车刀	20mm	1把	
工具	锉刀		1套	修理工件
	铜片		若干	

续表

分类	名称	尺寸规格	数量	备注
工具	夹紧工具		1套	
	刷子		1把	
	油壶		1把	
	清洗油		若干	
量具	0～150mm 游标卡尺		1把	
	0～25mm 外径千分尺		1把	
	25～50mm 外径千分尺		1把	
其他	草稿纸		适量	
	计算器			
	工作服			
	护目镜			

任务

任务1 编写程序

1. 工艺分析

1）车削工件右边端面。
2）车削工件右边∅25 外圆和 R2.5 圆角。
3）车削工件右边∅20 外圆和两个 R1 圆角。
4）车削工件右边 C2 倒角。
5）掉头，夹住∅25 外圆处，不要夹到 R2.5 圆弧。
6）车削工件左边∅30 外圆。
7）车削工件左边 C2 倒角。

2. 编制程序

编制程序请参阅表 3.14～表 3.17 及其说明。

表 3.14 车削右边的粗加工程序

程序段号	程序内容	说明
N010	%	程序开始符
N020	O0001;	程序名
N030	T0101;	调用 90°外圆刀
N040	G40M03S800;	主轴正转，转速 800r/min
N050	G42G00X30.0Z5.0;	快速进给至加工起始点，并加刀具补偿
N060	G01X30.0Z-40.0F150;	车削∅30 外圆
N070	G01X37.0Z-40.0;	提刀

续表

程序段号	程序内容	说　明
N080	G00X37.0Z5.0；	退刀
N090	G00X25.0Z5.0；	快速进给至∅25 外圆处
N100	G01X25.0Z-37.5；	车削∅25 外圆
N110	G02X30.0Z-40.0I2.5K0F80；	车削 R2.5 圆角
N120	G01X37.0Z-40.0F150；	提刀
N130	G00X37.0Z5.0；	退刀
N140	G00X20.0Z5.0；	快速进给至∅20 外圆处
N150	G01X20.0Z-19.0；	车削∅20 外圆
N160	G02X22.0Z-20.0I1.0K0F80；	车削 R1 圆角
N170	G01X23.0Z-20.0F150；	车削∅25 外圆右端面
N180	G03X25.0Z-21.0I0K-1.0F80；	车削 R1 圆角
N190	G01X27.0Z-21.0F150；	提刀
N200	G00X27.0Z5.0；	退刀
N210	G00X16.0Z5.0；	快速进给至 C2 倒角处
N220	G01X16.0Z0；	直线进给至 C2 倒角起始点
N230	G01X20.0Z-2.0；	车削 C2 倒角
N240	G01X22.0Z-2.0；	提刀
N250	G40G00X100.0Z100.0；	退刀
N260	M05；	主轴停转
N270	M30；	程序结束

表 3.15　车削右边的精加工程序

程序段号	程序内容	说　明
N010	%	程序开始符
N020	O0002；	程序
N030	T0202；	调用 93°外圆刀
N040	G40M03S1200；	主轴正转，转速 1200r/min
N050	G42G00X16.0Z5.0；	快速进给至加工起始点
N060	G01X16.0Z0F100；	直线进给至 C2 倒角起始点
N070	G01X20.0Z-2.0；	车削 C2 倒角
N080	G01X20.0Z-19.0；	车削∅20 外圆
N090	G02X22.0Z-20.0I1.0K0F60；	车削 R1 倒角
N100	G01X23.0Z-20.0F100；	车削∅25 右端面
N110	G03X25.0Z-21.0I0K-1.0F60；	车削 R1 倒角
N120	G01X25.0Z-37.5F100；	车削∅25 外圆
N130	G02X30.0Z-40.0I2.5K0F60；	车削 R2.5 倒角
N140	G01X37.0Z-40.0F100；	提刀
N150	G40G00X100.0Z100.0；	退刀
N160	M05；	主轴停转
N170	M30；	程序结束

表 3.16 车削左边的粗加工程序

程序段号	程序内容	说 明
N010	%	程序开始符
N020	O0003；	程序名
N030	T0101；	调用 90°外圆刀
N040	G40M03S800；	主轴正转，转速 800r/min
N050	G42G00X30.0Z5.0；	快速进给至加工起始点
N060	G01X30.0Z-21.0 F150；	车削∅30 外圆
N070	G01X37.0Z-21.0；	提刀
N080	G00X37.0Z5.0；	退刀
N090	G00X26.0Z5.0；	快速进给至∅30 外圆处
N100	G01X26.0Z0；	直线进给至 C2 倒角起始点
N110	G01X30.0Z-2.0；	车削 C2 倒角
N120	G01X37.0Z-2.0；	提刀
N130	G40G00X100.0Z100.0；	退刀
N140	M05；	主轴停转
N150	M30；	程序结束

表 3.17 车削左边的精加工程序

程序段号	程序内容	说 明
N010	%	程序开始符
N020	O0004；	程序名
N030	T0202；	调用 93°外圆刀
N040	G40M03S1200；	主轴正转，转速 1200r/min
N050	G42G00X26.0Z5.0；	快速进给至加工起始点
N060	G01X26.0Z0F100；	直线进给至 C2 倒角起始点
N070	G01X30.0Z-2.0；	车削 C2 倒角
N080	G01X30.0Z-21.0；	车削∅30 外圆
N090	G01X37.0Z-21.0；	提刀
N100	G40G00X100.0Z100.0；	退刀
N110	M05；	主轴停转
N120	M30；	程序结束

为什么直线插补指令中的 F 值要比圆弧插补指令中的 F 值大？

任务 2 加工工件

加工工件步骤如下。

1）开启机床。
2）安装刀具和毛坯。
3）将车削右边的粗加工程序输入。
4）对刀。
5）设置刀补。
6）点击循环启动，自动加工工件。
7）将车削右边的精加工程序输入。
8）点击循环启动，进行精加工。
9）加工完毕后，测量工件尺寸与实际尺寸的差值，然后在刀具磨损中修改差值。
10）重复第8）～9）步骤，直至工件尺寸合格为止。
11）掉头，夹住工件∅25外圆处，但不要夹到R2.5处。
12）输入车削左边的粗加工程序。
13）对刀。
14）设置刀补。
15）点击循环启动，自动加工工件。
16）将车削左边的精加工程序输入。
17）点击循环启动，进行精加工。
18）加工完毕后，测量工件尺寸与实际尺寸的差值，然后在刀具磨损中修改差值。
19）重复第17）～18）步骤，直至工件尺寸合格为止。
20）加工完毕，卸下工件，打扫机床卫生。

任务3 掌握G02与G03指令的使用方法

1. G02指令

G02为顺时针圆弧插补指令指令格式如下：

```
G02X_Z_R_F_;
```

或

```
G02X_Z_I_K_F_;
```

其中，X、Z为圆弧终点的坐标值。
R为该圆弧半径。
F为圆弧插补时的进给速度。
I为圆弧终点与圆心的连线在X轴上的分量。
K为圆弧终点与圆心的连线在Z轴上的分量。

图3.13 圆弧车削

如图3.13所示，从B点车削向A点时，可写为

```
G02X10.0Z0R10.0;
```

或

```
G02X10.0Z0I10K0;
```

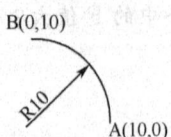

2. G03 指令

G03 为逆时针圆弧插补指令，指令格式如下：

G03X _ Z _ R _ F _ ;

或

G03X _ Z _ I _ K _ F _ ;

其中，X、Z 为圆弧终点的坐标值。

R 为该圆弧半径。

F 为圆弧插补时的进给速度。

I 为圆弧终点与圆心的连线在 X 轴上的分量。

K 为圆弧终点与圆心的连线在 Z 轴上的分量。

如图 3.14 中，要车削从 A 点至 B 点的圆弧时，可写为

G03X0Z10.0R10.0;

或

G03X0Z10.0I0K10.0;

提示

1）程序中的 X、Z 为坐标值，值得一提的是，X 坐标可以是该点的直径值也可以是该点的半径值，可以通过修改机床设定而改变。

2）程序中的 X、Z 为绝对坐标，同时也可以写为 U、W 相对坐标。

3. G02 与 G03 的另一种格式

G02、G03 指令还有另外一种格式，即

G02 X _ Z _ I _ K _ F _

G03 X _ Z _ I _ K _ F _

其中 X、Z、F 与上述介绍的意义相同，I、K 的意义如下。

I 为圆弧起点相对于圆弧圆心在 X 轴上的分量，分量方向与 X 轴正方向相同，则分量为正，反之为负。

K 为圆弧起点相对于圆弧圆心在 Z 轴上的分量，分量方向与 X 轴正方向相同，则分量为正，反之为负。

4. 在数控车床编程时判断圆弧方向的方法

1）顺时针圆弧。刀具参考点围绕轨迹中心，按负角度方向旋转所形成的轨迹.

2）逆时针圆弧。刀具参考点围绕轨迹中心，按正角度方向旋转所形成的轨迹。

3）简单判别方法。将图纸与工件加工方向保持一致，观察工件回转轴线以上的半个工件中的圆弧方向。上半个工件中圆弧方向为顺时针则为顺时针圆弧；上半个工件中的圆弧方向为逆时针则为逆时针圆弧。

注意

1）I 、K（圆弧中心）也可以用半径指定。

2）当 I、K 值都是零时，该代码可以省略。

3）圆弧在多个象限时，该代码可连续执行。

4）在圆弧插补程序内不能有刀具功能（T）指令。

5）进给功能F指令指定切削进给速度，并且进给功能F控制沿圆弧方向的线速度。

6）使用圆弧R值时，指定小于180°。

7）当I、K、R同时被指定时，R指令优先I、K指令无效。

任务4 评价并总结

请你对照评分表3.18和自己加工的工件，给自己一个正确的评价，并找出你在学习过程中遇到的问题及解决方法，认真总结。

表3.18 自我鉴定表

鉴定项目及标准	配分	自检	结果	得分	备注
用试切法对刀	10				
$\varnothing30_{-0.033}^{0}$	15				
$\varnothing25_{-0.033}^{0}$	15				
$\varnothing20_{-0.033}^{0}$	15				
20(两处)	5				
R1(两处)	5				
C2(两处)	5				
R2.5	5				
60±0.15	15				
精度检验及误差分析	10				
总结					

实训

课后练习

仔细分析图3.14，编写出最合理的程序，加工出合要求的工件。

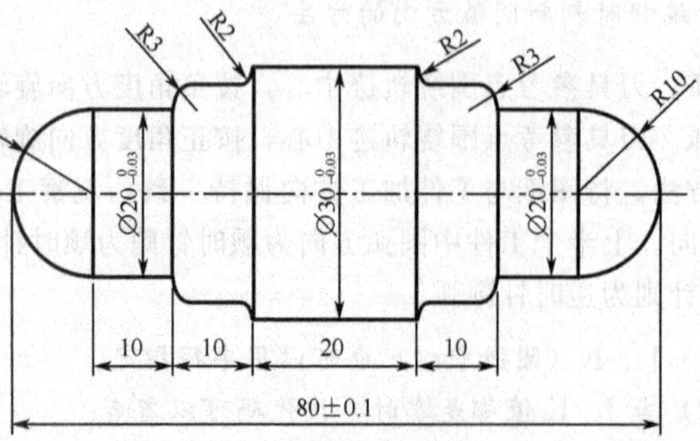

图3.14 练习车削带圆弧的工件

■ 项目五 镗孔工件的加工 ■

仔细分析图 3.15，根据表 3.19 中给定的工具和毛坯，编写出最合理的程序，加工出合要求的工件。

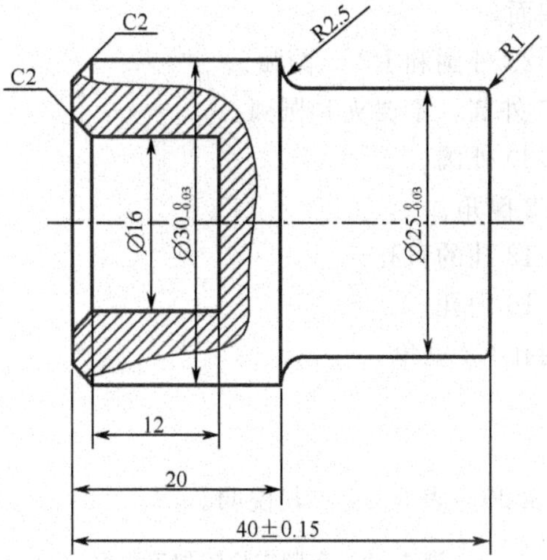

图 3.15 加工镗孔工件

表 3.19 工/量具准备通知单

分 类	名 称	尺寸规格	数 量	备 注
材料	塑料	Ø35×65	1 根	
刀具	93°外圆车刀	20mm	1 把	夹固式车刀
	90°外圆车刀	20mm	1 把	
	麻花钻	12mm	1 把	
	盲孔镗刀	20mm	2 把	
工具	锉刀		1 套	修理工件
	铜片		若干	
	夹紧工具		1 套	
	刷子		1 把	
	油壶		1 把	
	清洗油		若干	
量具	0～150mm 游标卡尺		1 把	
	0～25mm 外径千分尺		1 把	
	25～50mm 外径千分尺		1 把	
其他	草稿纸		适量	
	计算器			
	工作服			
	护目镜			

任务

任务1 编写程序

1. 工艺分析

1）车削工件右边端面。
2）车削工件右边∅25外圆和R2.5圆弧。
3）掉头，夹住∅25外圆，不要夹到圆弧。
4）车削工件左边∅30外圆。
5）车削工件左边C2倒角。
6）在工件左边打∅12孔的盲孔。
7）车削工件左边∅16内孔。
8）车削工件左边内孔C2倒角。

2. 编制程序

编制程序请参见表3.20～表3.25及其说明。

表3.20 车削右边粗加工程序

程序段号	程序内容	说明
N010	%	程序开始符
N020	O0001;	程序名
N030	T0101;	调用90°外圆车刀
N040	G40M03S800;	主轴正转，转速800r/min
N050	G42G00X30.0Z5.0;	快速进给至加工起始点，并加刀具补偿
N060	G01X30.0Z-20.0 F150;	车削∅30外圆
N070	G01X37.0Z-20.0;	提刀
N080	G00X37.0Z5.0;	退刀
N090	G00X25.0Z5.0;	快速进给至∅25外圆处
N100	G01X23.0Z0;	直线进给至R1圆角起始点
N110	G03X25.0Z-1.0I0K-1.0F80;	车削R1圆角
N120	G01X25.0Z-17.5F150;	车削∅25外圆
N130	G02X30.0Z-20.0I2.5K0F80;	车削R2.5圆角
N140	G01X37.0Z-20.0F150;	提刀
N150	G40G00X100.0Z100.0;	退刀
N160	M05;	主轴停转
N170	M30;	程序结束

表 3.21 车削右边精加工程序

程序段号	程序内容	说 明
N010	%	程序开始符
N020	O0002;	程序名
N030	T0202;	调用 93°外圆车刀
N040	G40M03S1200;	主轴正转,转速 1200r/min
N050	G42G00X23.0Z5.0;	快速进给至加工起始点,并加刀具补偿
N060	G01X23.0Z0F150;	直线进给至 R1 圆角起始点
N070	G03X25.0Z-1.0I0K-1.0F80;	车削 R1 圆角
N080	G01X25.0Z-17.5F150;	车削∅25 外圆
N090	G02X30.0Z-20.0I2.5K0F80;	车削 R2.5 圆角
N100	G01X37.0Z-20.0F150;	提刀
N110	G40G00X100.0Z100.0;	退刀
N120	M05;	主轴停转
N130	M30;	程序结束

表 3.22 车削左边外圆粗加工程序

程序段号	程序内容	说 明
N010	%	程序开始符
N020	O0003;	程序名
N030	T0101;	调用 90°外圆车刀
N040	G40M03S800;	主轴正转,转速 800r/min
N050	G42G00X26.0Z5.0;	快速进给至加工起始点,并加刀具补偿
N060	G01X26.0Z0F150;	直线进给至 C2 倒角起始点
N070	G01X30.0Z-2.0;	车削 C2 倒角
N080	G01X30.0Z-21.0;	车削∅30 外圆
N090	G01X37.0Z-21.0;	提刀
N100	G40G00X100.0Z100.0;	退刀
N110	M05;	主轴停转
N120	M30;	程序结束

表 3.23 车削左边外圆精加工程序

程序段号	程序内容	说 明
N010	%	程序开始符
N020	O0004;	程序名
N030	T0202;	调用 93°外圆车刀
N040	G40M03S1200;	主轴正转,转速 1200r/min
N050	G42G00X26.0Z5.0;	快速进给至加工起始点,并加刀具补偿
N060	G01X26.0Z0F100;	直线进给至 C2 倒角起始点
N070	G01X30.0Z-2.0;	车削 C2 倒角
N080	G01X30.0Z-21.0;	车削∅30 外圆

续表

程序段号	程序内容	说 明
N090	G01X37.0Z-21.0；	提刀
N100	G40G00X100.0Z100.0；	退刀
N110	M05；	主轴停转
N120	M30；	程序结束

表 3.24 车削左边内孔粗加工程序

程序段号	程序内容	说 明
N010	%	程序开始符
N020	O0005；	程序名
N030	T0303；	调用盲孔粗镗刀
N040	G40M03S600；	主轴正转，转速 600r/min
N050	G41G00X20.0Z5.0；	快速进给至加工起始点，并加刀具补偿
N060	G01X20.0Z0F100；	直线进给至 C2 倒角起始点
N070	G01X16.0Z-2.0；	车削 C2 倒角
N080	G01X16.0Z-14.0；	车削∅16 内孔
N090	G01X8.0Z-14.0；	提刀
N100	G01X8.0Z5.0；	退刀
N110	G40G00X100.0Z100.0；	退刀
N120	M05；	主轴停转
N130	M30；	程序结束

表 3.25 车削左边内孔精加工程序

程序段号	程序内容	说 明
N010	%	程序开始符
N020	O0006；	程序名
N030	T0404；	调用盲孔精镗刀
N040	G40M03S800；	主轴正转，转速 800r/min
N050	G41G00X20.0Z5.0；	快速进给至加工起始点，并加刀具补偿
N060	G01X20.0Z0F80；	直线进给至 C2 倒角起始点
N070	G01X16.0Z-2.0；	车削 C2 倒角
N080	G01X16.0Z-14.0；	车削∅16 内孔
N090	G01X8.0Z-14.0；	提刀
N100	G01X8.0Z5.0；	退刀
N110	G40G00X100.0Z100.0；	退刀
N120	M05；	主轴停转
N130	M30；	程序结束

思考

1）车削左边内孔时，加工完成前为什么要先从 Z 方向退刀？

2）车削内孔时，最后 X 方向退刀为什么不退到 G00X0Z-14.0？

任务 2 加工工件

加工工作的步骤如下。

1）开启机床。

2）安装刀具和毛坯。

3）将车削右边的粗加工程序输入。

4）对刀。

5）设置刀补。

6）点击循环启动，自动加工工件。

7）将车削右边的精加工程序输入。

8）点击循环启动，进行精加工。

9）加工完毕后，测量工件尺寸与实际尺寸的差值，然后在刀具磨损中修改差值。

10）重复第 8）～9）步骤，直至工件尺寸合格为止。

11）掉头，夹住工件∅25 外圆处，但不要夹到 R2.5 处。

12）输入车削左边外圆的粗加工程序。

13）对刀。

14）设置刀补。

15）点击循环启动，自动加工工件。

16）将车削左边外圆的精加工程序输入。

17）点击循环启动，进行精加工。

18）加工完毕后，测量工件尺寸与实际尺寸的差值，然后在刀具磨损中修改差值。

19）重复第 17）～18）步骤，直至工件尺寸合格为止。

20）输入车削右边内孔的粗加工程序。

21）对刀。

22）设置刀补。

23）点击循环启动，自动加工工件。

24）输入车削左边内孔的精加工程序。

25）点击循环启动，进行精加工。

26）加工完毕后，测量工件尺寸与实际尺寸的差值，然后在刀具磨损中修改差值。

27）重复第 25）～26）步骤，直至工件尺寸合格为止。

28）加工完毕，卸下工件，打扫机床卫生。

任务 3 评价并总结

请你对照评分表 3.26 和自己加工的工件，给自己一个正确的评价，并找出你在学习过程中遇到的问题及解决方法，认真总结。

表 3.26 自我鉴定表

鉴定项目及标准	配分	自检	结果	得分	备注
用试切法对刀	10				
$\varnothing 30_{-0.033}^{0}$	15				
$\varnothing 25_{-0.033}^{0}$	15				
C2(两处)	10				
$\varnothing$16	5				
R1	5				
R2.5	5				
20	5				
12	5				
40±0.15	15				
精度检验及误差分析	10				
总结					

实训

课后练习

仔细分析图 3.16，编写出最合理的程序，加工出合要求的工件。

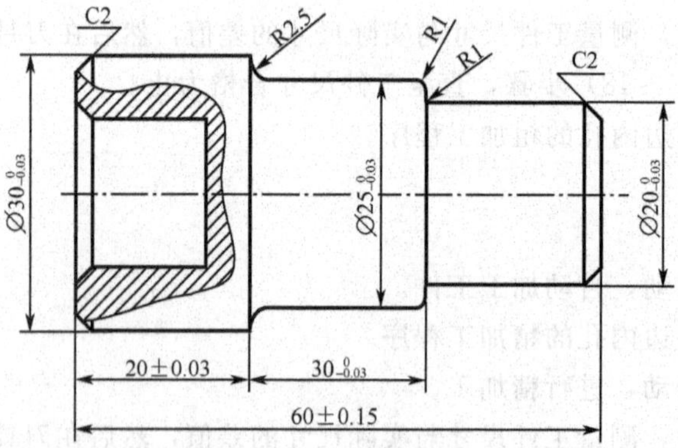

图 3.16 工件图示

■ 项目六 带槽工件的加工 ■

仔细分析图 3.17，根据表 3.27 中给定的工具和毛坯，编写出最合理的程序，加工出合要求的工件。

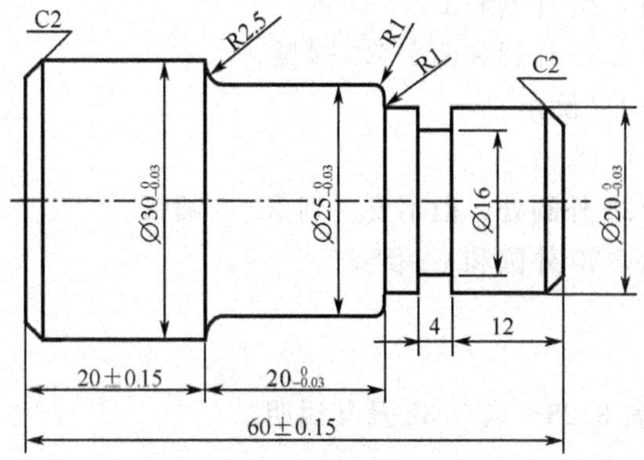

图 3.17　加工带槽工件

表 3.27　工/量具准备通知单

分　类	名　称	尺寸规格	数　量	备　注
材料	塑料	Ø35×65	1 根	
刀具	切槽刀	4mm	1 把	
	93°外圆车刀	20mm	1 把	夹固式车刀
	90°外圆车刀	20mm	1 把	
工具	锉刀		1 套	修理工件
	铜片		若干	
	夹紧工具		1 套	
	刷子		1 把	
	油壶		1 把	
	清洗油		若干	
量具	0～150mm 游标卡尺		1 把	
	0～25mm 外径千分尺		1 把	
	25～50mm 外径千分尺		1 把	
其他	草稿纸		适量	
	计算器			
	工作服			
	护目镜			

任　务

任务 1　编写程序

1. 工艺分析

1）车削工件右边端面。

2）车削工件右边∅25外圆和R2.5圆弧。

3）车削工件右边∅20外圆和两个R1圆弧。

4）车削工件右边C2倒角。

5）车削工件右边∅16槽。

6）掉头，夹住∅25外圆处，但不要夹到R2.5圆弧。

7）车削工件左边∅30外圆和C2倒角。

2. 编写程序

编制程序请参阅表3.28～表3.32及其说明。

表3.28 车削右边外圆的粗加工程序

程序段号	程序内容	说　明
N010	%	程序开始符
N020	O0001；	程序名
N030	T0101；	调用90°外圆车刀
N040	G40M03S800；	主轴正转，转速800r/min
N050	G42G00X30.0Z5.0；	快速进给至加工起始点，并加刀具补偿
N060	G01X30.0Z-40.0F150；	车削∅30外圆
N070	G01X37.0Z-40.0；	提刀
N080	G00X37.0Z5.0；	退刀
N090	G00X25.0Z5.0；	快速进给至∅25外圆处
N100	G01X25.0Z-37.5；	车削∅25外圆
N110	G02X30.0Z-40.0I2.5K0F80；	车削R2.5圆角
N120	G01X37.0Z-40.0F150；	提刀
N130	G00X37.0Z5.0；	退刀
N140	G00X16.0Z5.0；	快速进给至C2倒角处
N150	G01X16.0Z0；	直线进给至C2倒角起始点
N160	G01X20.0Z-2.0；	车削C2倒角
N170	G01X20.0Z-19.0；	车削∅20外圆
N180	G02X22.0Z-20.0I1.0K0F80；	车削R1圆角
N190	G01X23.0Z-20.0F150；	车削∅25外圆右端面
N200	G03X25.0Z-21.0I0K-1.0F80；	车削R1圆角
N210	G01X27.0Z-21.0F150；	提刀
N220	G40G00X100.0Z100.0；	退刀，取消刀补
N230	M05；	主轴停转
N240	M30；	程序结束

表 3.29 削右边外圆的精加工程序

程序段号	程序内容	说 明
N010	%	程序开始符
N020	O0002;	程序名
N030	T0202;	调用 93°外圆车刀
N040	G40M03S1200;	主轴正转,转速 1200r/min
N050	G42G00X16.0Z5.0;	快速进给至加工起始点,并加刀具补偿
N060	G01X16.0Z0F100;	直线进给至 C2 倒角起始点
N070	G01X20.0Z-2.0;	车削 C2 倒角
N080	G01X20.0Z-19.0;	车削∅20 外圆
N090	G02X22.0Z-20.0I1.0K0F60;	车削 R1 圆角
N100	G01X23.0Z-20.0F100;	车削∅25 外圆右端面
N110	G03X25.0Z-21.0I0K-1.0F60;	车削 R1 圆角
N120	G01X25.0Z-37.5F100;	车削∅25 外圆
N130	G02X30.0Z-40.0I2.5K0F60;	车削 R2.5 圆角
N140	G01X37.0Z-40.0F100;	提刀
N150	G40G00X100.0Z100.0;	退刀,取消刀补
N160	M05;	主轴停转
N170	M30;	程序结束

表 3.30 车削槽的加工程序

程序段号	程序内容	说 明
N010	%	程序开始符
N020	O0003;	程序名
N030	T0303;	调用切槽刀
N040	G40M03S400;	主轴正转,转速 400r/min
N050	G42G00X22.0Z-16.0;	快速进给至加工起始点
N060	G01X16.0Z-16.0;	车削∅16 槽
N070	G04P1;	延时 1s
N080	G01X22.0Z-16.0;	提刀
N090	G40G00X100.0Z100.0;	退刀
N100	M05;	主轴停转
N110	M30;	程序结束

表 3.31 车削左边的粗加工程序

程序段号	程序内容	说 明
N010	%	程序开始符
N020	O0004;	程序名
N030	T0101;	调用 90°外圆车刀
N040	G40M03S800;	主轴正转,转速 800r/min
N050	G42G00X26.0Z5.0;	快速进给至加工起始点

续表

程序段号	程序内容	说　明
N060	G01X26.0Z0F150；	直线进给至C2倒角起始点
N070	G01X30.0Z-2.0；	车削C2倒角
N080	G01X30.0Z-21.0；	车削∅30外圆
N090	G01X37.0Z-21.0；	提刀
N100	G40G00X100.0Z100.0；	退刀
N110	M05；	主轴停转
N120	M30；	程序结束

表3.32　车削左边的精加工程序

程序段号	程序内容	说　明
N010	%	程序开始符
N020	O0005；	程序名
N030	T0202；	调用93°外圆车刀
N040	G40M03S1200；	主轴正转，转速1200r/min
N050	G42G00X26.0Z5.0；	快速进给至加工起始点
N060	G01X26.0Z0F100；	直线进给至C2倒角起始点
N070	G01X30.0Z-2.0；	车削C2倒角
N080	G01X30.0Z-21.0；	车削∅30外圆
N090	G01X37.0Z-21.0；	提刀
N100	G40G00X100.0Z100.0；	退刀
N110	M05；	主轴停转
N120	M30；	程序结束

1）加工槽时为什么要延时1s？

2）加工槽时为什么要降低转速和进给率？

任务2　加工工件

加工工件的步骤如下。

1）开启机床。

2）安装刀具和毛坯。

3）将车削右边的粗加工程序输入。

4）对刀。

5）设置刀补。

6）点击循环启动，自动加工工件。

7）将车削右边的精加工程序输入。

8）点击循环启动，进行精加工。

9）加工完毕后，测量工件尺寸与实际尺寸的差值，然后在刀具磨损中修改差值。

10）重复第 8）～9）步骤，直至工件尺寸合格为止。

11）输入加工槽的程序。

12）点击循环启动，自动加工工件。

13）加工完毕后，测量工件尺寸与实际尺寸的差值，然后在刀具磨损中修改差值，继续运行加工槽的程序，直至槽的尺寸合格为止。

14）掉头，夹住工件∅25 外圆处，但不要夹到 R2.5 处。

15）输入车削左边外圆的粗加工程序。

16）对刀。

17）设置刀补。

18）点击循环启动，自动加工工件。

19）将车削左边外圆的精加工程序输入。

20）点击循环启动，进行精加工。

21）加工完毕后，测量工件尺寸与实际尺寸的差值，然后在刀具磨损中修改差值。

22）重复第 20）～21）步骤，直至工件尺寸合格为止。

23）加工完毕，卸下工件，打扫机床卫生。

任务 3 评价并总结

请你对照评分表 3.33 和自己加工的工件，给自己一个正确的评价，并找出在学习过程中遇到的问题及解决方法，认真总结。

表 3.33 自我鉴定表

鉴定项目及标准	配 分	自 检	结 果	得 分	备 注
用试切法对刀	5				
$\varnothing 30_{-0.033}^{0}$	10				
$\varnothing 25_{-0.033}^{0}$	10				
C2(两处)	5				
∅16	10				
R1(两处)	5				
R2.5	5				
$\varnothing 20_{-0.033}^{0}$	5				
$20_{-0.033}^{0}$	5				
12	5				
20±0.03	10				
4	5				
60±0.15	10				
精度检验及误差分析	10				
总结					

实训

课后练习

仔细分析图 3.18，编写出最合理的程序，加工出合要求的工件。

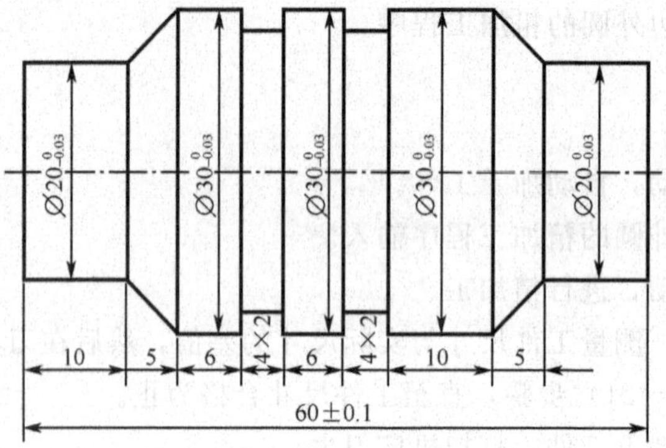

图 3.18 工作图示

■ 项目七 带螺纹工件的加工 ■

仔细分析图 3.19，根据表 3.34 中给定的工具和毛坯，编写出最合理的程序，加工出合要求的工件。

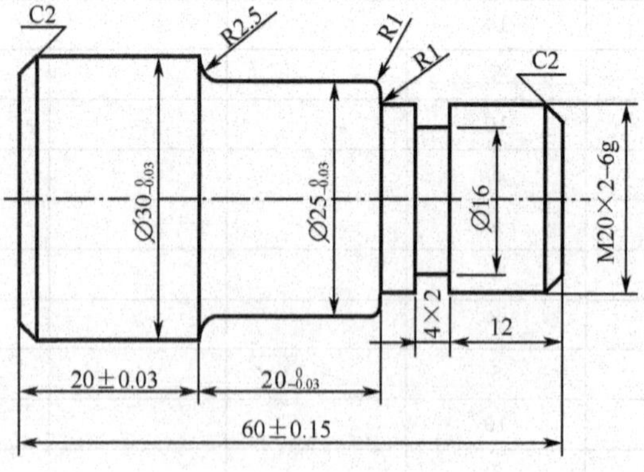

图 3.19 加工带螺纹工件

表 3.34 工/量具准备通知单

分 类	名 称	尺寸规格	数 量	备 注
材料	塑料	∅35×65	1 根	
刀具	普通外螺纹刀	20mm	1 把	夹固式车刀
	切槽刀	4mm	1 把	
	93°外圆车刀	20mm	1 把	
	90°外圆车刀	20mm	1 把	
工具	锉刀		1 套	修理工件
	铜片		若干	
	夹紧工具		1 套	
	刷子		1 把	
	油壶		1 把	
	清洗油		若干	
量具	0～150mm 游标卡尺		1 把	
	0～25mm 外径千分尺		1 把	
	25～50mm 外径千分尺		1 把	
其他	草稿纸		适量	
	计算器			
	工作服			
	护目镜			

任 务

任务 1 编写程序

1. 工艺分析

1）车削工件右边端面。
2）车削工件右边∅25 外圆和 R2.5 圆角。
3）车削工件右边∅20 外圆和两个 R1 圆角。
4）车削工件右边 C2 倒角。
5）车削工件右边∅16 的槽。
6）车削工件右边 M20×2 螺纹。
7）掉头，夹住∅25 外圆处，但不要夹到 R2.5 圆角。
8）车削工件左边∅30 外圆。
9）车削工件左边 C2 圆角。

2. 编写程序

编制程序请参阅表 3.35～表 3.40 及其说明。

表 3.35　车削右边外圆的粗加工程序

程序段号	程序内容	说　明
N010	%	程序开始符
N020	O0001;	程序名
N030	T0101;	调用 90°外圆车刀
N040	G40M03S800;	主轴正转，转速 800r/min
N050	G42G00X30.0Z5.0;	快速进给至加工起始点
N060	G01X30.0Z-40.0F150;	车削∅30 外圆
N070	G01X37.0Z-40.0;	提刀
N080	G00X37.0Z5.0;	退刀
N090	G00X25.0Z5.0;	快速进给至∅25 外圆处
N100	G01X25.0Z-37.5;	车削∅25 外圆
N110	G02X30.0Z-40.0I2.5K0F80;	车削 R2.5 圆角
N120	G01X37.0Z-40.0F150;	提刀
N130	G00X37.0Z5.0;	退刀
N140	G00X16.0Z5.0;	快速进给至 C2 倒角处
N150	G01X16.0Z0;	直线进给至 C2 倒角起始点
N160	G01X20.0Z-2.0;	车削 C2 倒角
N170	G01X20.0Z-19.0;	车削∅20 外圆
N180	G02X22.0Z-20.0I1.0K0F80;	车削 R1 圆角
N190	G01X23.0Z-20.0F150;	车削∅25 外圆右端面
N200	G03X25.0Z-21.0I0K-1.0F80;	车削 R1 圆角
N210	G01X27.0Z-21.0F150;	提刀
N220	G40G00X100.0Z100.0;	退刀
N230	M05;	主轴停转
N240	M30;	程序结束

表 3.36　削右边外圆的精加工程序

程序段号	程序内容	说　明
N010	%	程序开始符
N020	O0002;	程序名
N030	T0202;	调用 93°外圆车刀
N040	G40M03S1200;	主轴正转，转速 1200r/min
N050	G42G00X16.0Z5.0;	快速进给至加工起始点
N060	G01X16.0Z0F100;	直线进给至 C2 倒角起始点
N070	G01X20.0Z-2.0;	车削 C2 倒角
N080	G01X20.0Z-19.0;	车削∅20 外圆
N090	G02X22.0Z-20.0I1.0K0F60;	车削 R1 圆角
N100	G01X23.0Z-20.0F100;	车削∅25 外圆右端面
N110	G03X25.0Z-21.0I0K-1.0F60;	车削 R1 圆角
N120	G01X25.0Z-37.5F100;	车削∅25 外圆
N130	G02X30.0Z-40.0I2.5K0F60;	车削 R2.5 圆角

续表

程序段号	程序内容	说　明
N140	G01X37.0Z-40.0F100;	提刀
N150	G40G00X100.0Z100.0;	退刀
N160	M05;	主轴停转
N170	M30;	程序结束

表 3.37　车削槽的加工程序

程序段号	程序内容	说　明
N010	%	程序开始符
N020	O0003;	程序名
N030	T0303;	调用切槽刀
N040	G40M03S400;	主轴正转，转速 400r/min
N050	G42G00X22.0Z-16.0;	快速进给至加工起始点
N060	G01X16.0Z-16.0;	车削∅16 槽
N070	G04P1;	延时 1s
N080	G01X22.0Z-16.0;	提刀
N090	G40G00X100.0Z100.0;	退刀
N100	M05;	主轴停转
N110	M30;	程序结束

表 3.38　车削工件右边螺纹的加工程序

程序段号	程序内容	说　明
N010	%	程序开始符
N020	O0004;	程序名
N030	T0404;	调用螺纹刀
N040	G40M03S600;	主轴正转，转速 600r/min
N050	G42G00X22.0Z5.0;	快速进给至加工起始点
N060	G92X19.6Z-13.0F2.0;	车削螺纹第一刀
N070	G92X19.2Z-13.0F2.0;	车削螺纹第二刀
N080	G92X18.9Z-13.0F2.0;	车削螺纹第三刀
N090	G92X18.6Z-13.0F2.0;	车削螺纹第四刀
N100	G92X18.3Z-13.0F2.0;	车削螺纹第五刀
N110	G92X18.0Z-13.0F2.0;	车削螺纹第六刀
N120	G92X17.8Z-13.0F2.0;	车削螺纹第七刀
N130	G92X17.6Z-13.0F2.0;	车削螺纹第八刀
N140	G92X17.5Z-13.0F2.0;	车削螺纹第九刀
N150	G92X17.4Z-13.0F2.0;	车削螺纹第十刀
N160	G92X17.4Z-13.0F2.0;	车削螺纹第十一刀
N170	G40G00X100.0Z100.0;	退刀
N180	M05;	主轴停转
N190	M30;	程序结束

表 3.39　车削左边的粗加工程序

程序段号	程序内容	说　明
N010	%	程序开始符
N020	O0005；	程序名
N030	T0101；	调用 90°外圆车刀
N040	G40M03S800；	主轴正转，转速 800r/min
N050	G42G00X26.0Z5.0；	快速进给至加工起始点
N060	G01X26.0Z0F150；	直线进给至 C2 倒角起始点
N070	G01X30.0Z-2.0；	车削 C2 倒角
N080	G01X30.0Z-21.0；	车削∅30 外圆
N090	G01X37.0Z-21.0；	提刀
N100	G40G00X100.0Z100.0；	退刀
N110	M05；	主轴停转
N120	M30；	程序结束

表 3.40　车削左边的精加工程序

程序段号	程序内容	说　明
N010	%	程序开始符
N020	O0006；	程序名
N030	T0202；	调用 93°外圆车刀
N040	G40M03S1200；	主轴正转，转速 1200r/min
N050	G42G00X26.0Z5.0；	快速进给至加工起始点
N060	G01X26.0Z0F100；	直线进给至 C2 倒角起始点
N070	G01X30.0Z-2.0；	车削 C2 倒角
N080	G01X30.0Z-21.0；	车削∅30 外圆
N090	G01X37.0Z-21.0；	提刀
N100	G40G00X100.0Z100.0；	退刀
N110	M05；	主轴停转
N120	M30；	程序结束

1）车削螺纹时最后一刀为什么要空走一刀？

2）车削螺纹时刀具为什么要走到螺纹部分的外面？

任务 2　加工工件

加工工件的步骤如下。

1）开启机床。

2）安装刀具和毛坯。

3）将车削右边的粗加工程序输入。

4）对刀。

5）设置刀补。

6）点击循环启动，自动加工工件。

7）将车削右边的精加工程序输入。

8）点击循环启动，进行精加工。

9）加工完毕后，测量工件尺寸与实际尺寸的差值，然后在刀具磨损中修改差值。

10）重复第8）～9）步骤，直至工件尺寸合格为止。

11）输入加工槽的程序。

12）点击循环启动，自动加工工件。

13）加工完毕后，测量工件尺寸与实际尺寸的差值，然后在刀具磨损中修改差值，继续运行加工槽的程序，直至槽的尺寸合格为止。

14）输入加工螺纹的程序。

15）设置刀补。

16）点击循环启动，自动加工工件。

17）加工完毕后，测量工件尺寸与实际尺寸的差值，然后在刀具磨损中修改差值，继续运行加工螺纹的程序，直至螺纹的尺寸合格为止。

18）掉头，夹住工件∅25外圆处，但不要夹到R2.5处。

19）输入车削左边外圆的粗加工程序。

20）对刀。

21）设置刀补。

22）点击循环启动，自动加工工件。

23）将车削左边外圆的精加工程序输入。

24）点击循环启动，进行精加工。

25）加工完毕后，测量工件尺寸与实际尺寸的差值，然后在刀具磨损中修改差值。

26）重复第23）～25）步骤，直至工件尺寸合格为止。

27）加工完毕，卸下工件，打扫机床卫生。

任务3 掌握螺纹切削指令的使用方法

G92为螺纹切削循环指令，其指令格式如下：

```
G92X_Z_F_;
```

其中，X、Z为每一刀切削完毕时终点的坐标，F为螺纹的螺距。

如图3.20所示，切削如下螺纹的第一刀，可写为

```
G92X19.6Z-13.0F2;
```

其中（19.6，－13）为图3.20中A点位置。

提示 1）普通螺纹的牙深（即单边切削深度）为螺距的0.6495倍。如M20×2的普通螺纹的牙深为0.6495mm×2＝1.299mm。

2）切削螺纹时每一刀的进刀量为先大后小。因为螺纹切削开始时刀具与工件接触部分少，则可进刀量大一点，后面时，刀具与工件的接触部分多，所以进刀量要小一点。

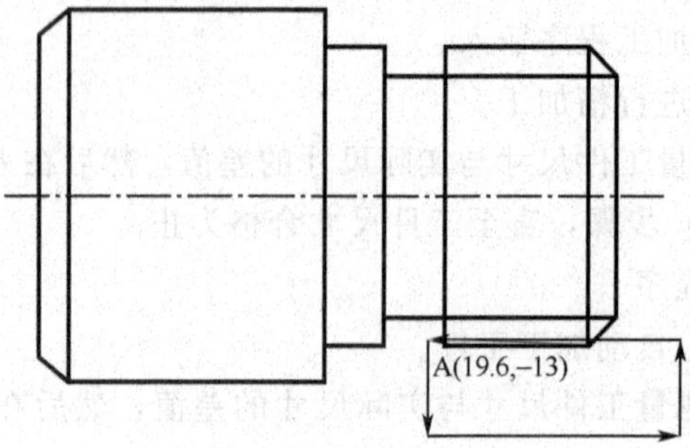

图 3.20 螺纹切削

任务 4 评价并总结

请你对照评分表和自己加工的工件，给自己一个正确的评价，并找出在学习过程中遇到的问题及解决方法，认真总结。

表 3.41 自我鉴定表

鉴定项目及标准	配 分	自 检	结 果	得 分	备 注
用试切法对刀	5				
$\varnothing 30_{-0.033}^{\ 0}$	10				
$\varnothing 25_{-0.033}^{\ 0}$	10				
C2(两处)	5				
∅16	5				
R1(两处)	5				
R2.5	5				
$20_{-0.033}^{\ 0}$	10				
12	5				
20±0.03	10				
4	5				
M20×2	10				
60±0.15	5				
精度检验及误差分析	10				
总结					

实训

课后练习

仔细分析图 3.21，编写出最合理的程序，加工出符合要求的工件。

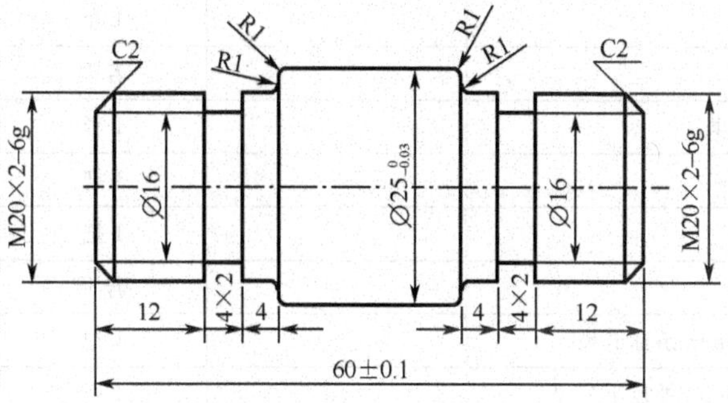

图 3.21 工件图示

■ 项目八 普通圆柱三角螺纹的内螺纹加工 ■

仔细分析图 3.22，根据表 3.42 中给定的工具和毛坯，编写出最合理的程序，加工出符合要求的工件。

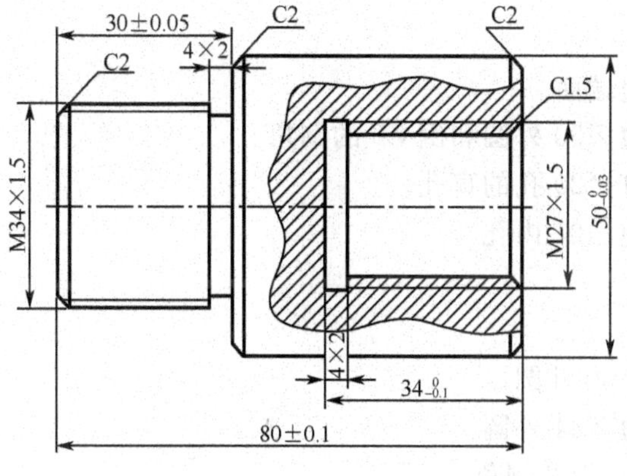

图 3.22 加工普通圆柱三角螺纹的内螺纹

表 3.42 工/量具准备通知单

分类	名称	尺寸规格	数量	备注
材料	45#钢	∅55×65	1根	
刀具	90°外圆车刀	20mm	1把	夹固式车刀
	93°外圆车刀	20mm	1把	
	切槽刀	4mm	1把	
	普通外螺纹刀	20mm	1把	
工具	锉刀		1套	修理工件
	铜片		若干	
	夹紧工具		1套	
	刷子		1把	
	油壶		1把	
	清洗油		若干	
量具	0～150mm 游标卡尺		1把	
	25～50mm 外径千分尺		1把	
其他	草稿纸		适量	
	计算器			
	工作服			
	护目镜			

任务

任务 1 编写程序

1. 工艺分析

1）车削工件右边端面。
2）车削工件右边∅50 外圆和倒 C2 的倒角。
3）在工件左边打∅20 孔的盲孔。
4）车削工件左边∅27 内孔。
5）割内槽 4×2。
6）车内螺纹。
7）掉头，夹住∅50 外圆。
8）车削工件左边∅34 外圆。
9）车削工件左边 4×2 倒角。
10）在工件左边加工螺纹。

2. 编写程序

编制程序请参阅表 3.43～表 3.51 及其说明。

表 3.43 车削工件右边外圆的粗加工程序说明

程序段号	程序内容	说 明
N010	%	程序开始符
N020	O0001;	程序号
N030	G97G99G40M03S800;	主轴正转 800r/min
N035	T0101;	调用 T01 号刀外圆车刀
N040	G42G00X50.0Z2.0;	循环点快速进给至起始点
N050	G01X50.0Z-51.0;	粗车第一刀
N060	G01X57.0Z-51.0;	提刀
N070	G00X57.0Z2.0;	退刀
N080	G01X46.0Z0;	进给至 C2 倒角处
N090	G01X50.0Z-2.0;	车削 C2 倒角
N100	G01X50.0Z-51.0;	粗车∅50 外圆
N110	G01X57.0Z-51.0;	提刀
N120	G40G00X100.0Z100.0;	退刀
N125	M05;	程序结束
N130	M30;	主轴暂停

表 3.44 车削工件右边外圆的精加工程序说明

程序段号	程序内容	说 明
N010	%	程序开始符
N020	O0002;	程序号
N030	G97G99G40M03S1200;	主轴正转 1200r/min
N035	T0101;	调用 T01 号刀外圆车刀
N040	G42G00X46.0Z2.0;	进给至加工起始点
N050	G01X46.0Z0;	进给至 C2 倒角处
N060	G01X50.0Z-2.0;	车削 C2 倒角
N070	G00X50.0Z-51.0;	车削∅50 外圆
N080	G01X57.0Z-51.0;	提刀
N090	G40G00X100.0Z100.0;	退刀
N100	M05;	程序结束
N120	M30;	主轴暂停

表 3.45 车削工件右边内孔轮廓的粗、精加工程序

程序段号	程序内容	说　明
N010	%	程序开始符
N020	O0001;	程序号
N030	G97G99G40M03S600;	主轴正转 600r/min
N035	T0404;	调用内孔镗刀
N040	G41G00X23.0Z2.0;	进给至加工起始点
N050	G01X27.0Z0;	进给至工件起始点
N060	G01X27.0Z-34.0;	车削∅27 外圆
N070	G01X23.0Z-34.0;	提刀
N080	G00X23.0Z100.0;	退刀
N090	G40G00X100.0Z100.0;	退刀
N100	M05;	程序结束
N110	M30;	主轴暂停

表 3.46 车削工件右边内孔槽的粗、精加工程序

程序段号	程序内容	说　明
N010	%	程序开始符
N020	O0001;	程序号
N030	G97G99G40M03S800;	主轴正转 800r/min
N035	T0303;	调用内孔槽刀
N040	G41G00X23.0Z2.0;	快速靠近工件
N050	G01X23.0Z-34.0;	进给至加工起始点
N060	G01X31.0Z-34.0;	车削槽
N070	G01X23.0Z-34.0;	提刀
N080	G00X23.0Z100.0;	退刀
N090	G40G00X100.0Z100.0;	退刀
N100	M05;	程序结束
N110	M30;	主轴暂停

表 3.47 车削工件右边内孔螺纹的加工程序

程序段号	程序内容	说　明
N010	%	程序开始符
N020	O0001;	程序号
N030	G97G99G40M033800;	主轴正转 800r/min
N040	T0202;	调用内螺纹到
N050	G41G00X23.0Z2.0;	进给至循环点
N060	G92X24.4Z-31.0F1.5;	车削螺纹第一刀

续表

程序段号	程序内容	说 明
N070	G92X24.8Z-31.0F1.5；	车削螺纹第二刀
N080	G92X25.1Z-31.0F1.5；	车削螺纹第三刀
N090	G92X25.4Z-31.0F1.5；	车削螺纹第四刀
N100	G92X25.6Z-31.0F1.5；	车削螺纹第五刀
N110	G92X25.7Z-31.0F1.5；	车削螺纹第六刀
N120	G92X25.8Z-31.0F1.5；	车削螺纹第七刀
N130	G92X25.9Z-31.0F1.5；	车削螺纹第八刀
N140	G92X25.95Z-31.0F1.5；	车削螺纹第九刀
N150	G92X25.95Z-31.0F1.5；	车削螺纹第十刀
N160	G40G00X100.0Z100.0；	退刀
N170	M05；	主轴停转
N180	M30；	程序结束

表 3.48 工件左边的粗加工程序

程序段号	程序内容	说 明
N010	%	开始符
N020	O0002；	程序号
N030	G40G97G99M03S800	取消刀具补偿，主轴正转 800r/min
N040	T0101；	调用外圆刀
N050	G42G00X45.0Z2.0；	进给至加工起始点
N060	G01X45.0Z-30.0；	外圆粗车第一刀
N070	G01X57.0Z-30.0；	提刀
N080	G00X57.0Z2.0；	退刀
N090	G00X35.0Z2.0；	进给至第二刀起始点
N100	G01X35.0Z-30.0；	外圆粗车第二刀
N110	G01X57.0Z-30.0；	提刀
N120	G00X57.0Z2.0；	退刀
N130	G00X31.0Z2.0；	快速靠近工件
N140	G01X31.0Z0；	进给至第三刀起始点
N150	G01X34.0Z-1.5；	车削 C1.5 倒角
N160	G01X34.0Z-30.0；	车削∅34 外圆
N170	G01X46.0Z-30.0；	车削∅50 外圆左端面
N180	G01X50.0Z-32.0；	车削 C2 倒角
N190	G01X57.0Z-32.0	提刀
N200	G40G00X100.0Z100.0；	退刀
N210	M05；	主轴停止
N220	M30；	程序结束

表 3.49 工件左边的精加工程序

程序段号	程序内容	说明
N010	%	开始符
N020	O0002;	程序号
N030	G40G97G99M03S1200;	取消刀具补偿，主轴正转 1200r/min
N040	T0101;	调用外圆刀
N050	G42G00X31.0Z2.0;	快速靠近工件
N060	G01X31.0Z0;	进给至加工起始点
N070	G01X34.0Z-1.5;	车削 C1.5 倒角
N080	G01X34.0Z-30.0;	车削∅34 外圆
N090	G01X46.0Z-30.0;	车削∅50 外圆左端面
N100	G01X50.0Z-32.0;	车削 C2 倒角
N110	G01X57.0Z-32.0	提刀
N120	G40G00X100.0Z100.0;	退刀
N130	M05;	主轴停转
N140	M30;	程序结束

表 3.50 工件左边的槽的加工程序

程序段号	程序内容	说明
N010	%	开始符
N020	O0002;	程序号
N030	G40G97G99M03S400;	取消刀具补偿，主轴正转 400r/min
N040	T0202;	调用外圆槽刀
N050	G42G00X57.0Z-30.0;	快速进给至加工起始点
N060	G01X30.0Z-30.0;	车槽
N070	G01X57.0Z-30.0;	提刀
N080	G40G00X100.0Z100.0;	退刀
N090	M05;	主轴停转
N100	M30;	程序结束

表 3.51 工件左边的螺纹的加工程序

程序段号	程序内容	说明
N010	%	开始符
N020	O0002;	程序号
N030	G40G97G99M03S600;	取消刀具补偿，主轴正转 600r/min
N040	T0303;	调用外螺纹到
N050	G42G00X36.0Z2.0;	快速进给至循环起始点
N060	G92X33.6Z-27.0F1.5;	车削螺纹第一刀

续表

程序段号	程序内容	说 明
N070	G92X33.2Z-27.0F1.5；	车削螺纹第二刀
N080	G92X32.9Z-27.0F1.5；	车削螺纹第三刀
N090	G92X32.6Z-27.0F1.5；	车削螺纹第四刀
N100	G92X32.4Z-27.0F1.5；	车削螺纹第五刀
N110	G92X32.2Z-27.0F1.5；	车削螺纹第六刀
N120	G92X32.1Z-27.0F1.5；	车削螺纹第七刀
N130	G92X32.05Z-27.0F1.5；	车削螺纹第八刀
N140	G92X32.05Z-27.0F1.5；	车削螺纹第九刀
N150	G40G00X100.0Z100.0；	退刀
N160	M05；	主轴停转
N170	M30；	程序结束

任务 2 加工工件

加工工件的步骤如下。

1）开启机床。

2）安装刀具和毛坯。

3）将车削右边轮廓的粗加工程序输入。

4）对刀。

5）设置刀补。

6）点击循环启动，自动加工工件。

7）将车削右边的精加工程序输入。

8）点击循环启动，进行精加工。

9）加工完毕后，测量工件尺寸与实际尺寸的差值，然后在刀具磨损中修改差值。

10）重复第 7）～9）步骤，直至工件尺寸合格为止。

11）输入加工右边内孔轮廓的粗加工程序。

12）点击循环启动，自动加工工件 。

13）输入加工右边内孔的精加工程序。

14）设置刀补。

15）点击循环启动，自动加工工件。

16）加工完毕后，测量工件尺寸与实际尺寸的差值，然后在刀具磨损中修改差值。

17）重复第 15）～16）步骤，直至工件尺寸合格为止。

18）输入加工右边内孔槽的加工程序。

19）设置刀补。

20）点击循环启动，自动加工工件。

21）加工完毕后，测量工件尺寸与实际尺寸的差值，然后在刀具磨损中修改差值，继续加工，直至尺寸合格为止。

22）输入加工右边内孔螺纹的加工程序。

23）设置刀补。

24）点击循环启动，自动加工工件。

25）加工完毕后，测量工件尺寸与实际尺寸的差值，然后在刀具磨损中修改差值，继续加工，直至尺寸合格为止。

26）掉头，夹住工件∅50外圆处。

27）输入车削左边外圆的粗加工程序。

28）对刀。

29）设置刀补。

30）点击循环启动，自动加工工件。

31）将车削左边外圆的精加工程序输入。

32）点击循环启动，进行精加工。

33）加工完毕后，测量工件尺寸与实际尺寸的差值，然后在刀具磨损中修改差值，继续加工，直至尺寸合格为止。

34）重复第32）～33）步骤，直至工件尺寸合格为止。

35）加工完毕，卸下工件，打扫机床卫生。

任务3 评价并总结

请你对照评分表3.52和自己加工的工件，给自己一个正确的评价，并找出你在学习过程中遇到的问题及解决方法，认真总结。

表3.52 自我鉴定表

鉴定项目及标准	配分	自检	结果	得分	备注
用试切法对刀	10				
$\varnothing 30_{-0.033}^{0}$	15				
$\varnothing 25_{-0.033}^{0}$	15				
C2(两处)	10				
∅16	5				
R1	5				
R2.5	5				
20	5				
12	5				
40±0.15	15				
精度检验及误差分析	10				
总结					

实　训

课后练习

仔细分析图 3.23，编写出最合理的程序，加工出合要求的工件。

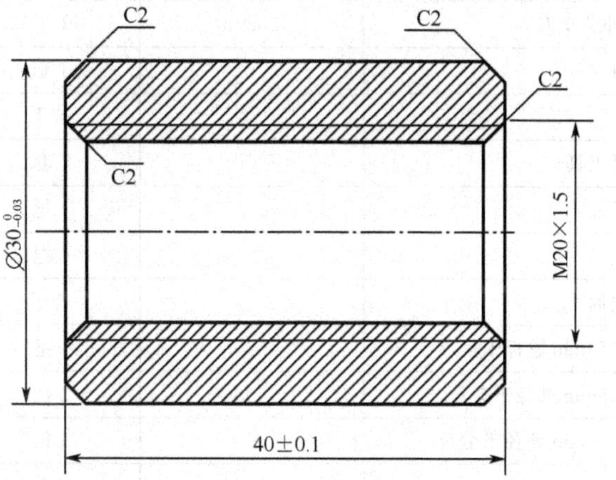

图 3.23　加工内螺纹工件图示

■ 项目九　使用 G71 指令和 G70 指令加工工件 ■

G71 指令为外圆粗车循环指令；G70 指令为精加工循环指令。

仔细分析图 3.24，根据表 3.53 中给定的工具和毛坯，编写出最合理的程序，加工出合要求的工件。

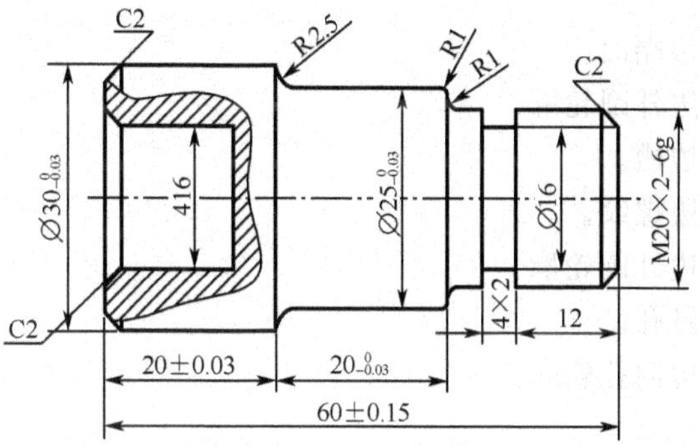

图 3.24　工件图示

表 3.53 工/量具准备通知单

分类	名称	尺寸规格	数量	备注
材料	塑料	∅35×65	1根	
刀具	盲孔镗刀	20mm	1把	夹固式车刀
	普通外螺纹刀	20mm	1把	
	切槽刀	4mm	1把	
	93°外圆车刀	20mm	1把	
	90°外圆车刀	20mm	1把	
工具	锉刀		1套	修理工件
	铜片		若干	
	夹紧工具		1套	
	刷子		1把	
	油壶		1把	
	清洗油		若干	
量具	0～150mm 游标卡尺		1把	
	0～25mm 外径千分尺		1把	
	25～50mm 外径千分尺		1把	
其他	草稿纸		适量	
	计算器			
	工作服			
	护目镜			

任务

任务1 编写程序

1. 工艺分析

1）车削工件右边端面。
2）车削工件右边外圆轮廓。
3）车削工件右边槽。
4）车削工件右边螺纹。
5）车削工件左边外圆轮廓。
6）在工件左边打孔。
7）车削工件左边内孔轮廓。

2. 编写程序

编写程序请参阅表 3.54～表 3.58 及其说明。

表 3.54 车削工件右边外圆轮廓的程序

程序段号	程序内容	说 明
N010	%	程序开始符
N020	O0001	程序名
N030	T0101;	调用 90°外圆刀
N040	G40M03S800;	主轴正转,转速 800r/min
N050	G42G00X37.0Z5.0;	快速进给至加工起始点
N060	G71U1.5R0.5;	右边外圆轮廓粗加工
N070	G71P10Q20U0.5W0F150;	
N080	N10G01X16.0Z0;	直线进给至 C2 倒角起始点
N090	G01X20.0Z-2.0;	车削 C2 倒角
N100	G01X20.0Z-19.0;	车削∅20
N110	G02X22.0Z-20.0I1.0K0;	车削 R1 圆角
N120	G01X23.0Z-20.0;	车削∅25 外圆右端面
N130	G03X25.0Z-21.0I0K-1.0;	车削 R1 圆角
N140	G01X25.0Z-37.5;	车削∅25 外圆
N150	G02X30.0Z-40.0I2.5K0;	车削 R2.5 圆角
N160	N20G40G01X37.0Z-40.0;	提刀
N170	G40G00X100.0Z100.0;	退刀
N180	M05;	主轴停转
N190	M00;	程序暂停
N200	T0202;	调用 93°外圆刀
N210	G40M03S1200;	主轴正转,转速 1200r/min
N220	G42G00X37.0Z5.0;	快速进给至加工起始点
N230	G70P10Q20F100;	右边外圆轮廓精加工
N240	G40G00X100.0Z100.0;	退刀
N250	M05;	主轴停转
N260	M30;	程序结束

表 3.55 车削槽的加工程序

程序段号	程序内容	说 明
N010	%	程序开始符
N020	O0002;	程序名
N030	T0303;	调用切槽刀
N040	G40M03S400;	主轴正转,转速 400r/min
N050	G42G00X22.0Z-16.0;	快速进给至加工起始点
N060	G01X16.0Z-16.0;	车削∅16 槽
N070	G04P1;	延时 1s
N080	G01X22.0Z-16.0;	提刀
N090	G40G00X100.0Z100.0;	退刀
N100	M05;	主轴停转
N110	M30;	程序结束

表 3.56 车削工件右边螺纹的加工程序

程序段号	程序内容	说 明
N010	%	程序开始符
N020	O0003;	程序名
N030	T0404;	调用螺纹刀
N040	G40M03S600;	主轴正转,转速 600r/min
N050	G42G00X22.0Z5.0;	快速进给至加工起始点
N060	G92X19.6Z-13.0F2.0;	车削螺纹第一刀
N070	G92X19.2Z-13.0F2.0;	车削螺纹第二刀
N080	G92X18.9Z-13.0F2.0;	车削螺纹第三刀
N090	G92X18.6Z-13.0F2.0;	车削螺纹第四刀
N100	G92X18.1Z-13.0F2.0;	车削螺纹第五刀
N110	G92X17.9Z-13.0F2.0;	车削螺纹第六刀
N120	G92X17.7Z-13.0F2.0;	车削螺纹第七刀
N130	G92X17.6Z-13.0F2.0;	车削螺纹第八刀
N140	G92X17.5Z-13.0F2.0;	车削螺纹第九刀
N150	G92X17.4Z-13.0F2.0;	车削螺纹第十刀
N160	G92X17.4Z-13.0F2.0;	车削螺纹第十一刀
N170	G40G00X100.0Z100.0;	退刀
N180	M05;	主轴停转
N190	M30;	程序结束

表 3.57 车削工件左边外圆轮廓的程序

程序段号	程序内容	说 明
N010	%	程序开始符
N020	O0004;	程序名
N030	T0101;	调用 90°外圆刀
N040	G40M03S800;	主轴正转,转速 800r/min
N050	G42G00X37.0Z5.0;	快速进给至加工起始点
N060	G71U1.5R0.5;	左边外圆轮廓粗加工
N070	G71P30Q40U0.5W0F150;	
N080	N30G01X26.0Z0;	直线进给至 C2 倒角起始点
N090	G01X30.0Z-2.0;	车削 C2 倒角
N100	G01X30.0Z-21.0;	车削∅30 外圆
N110	N40G40G01X37.0Z-21.0;	提刀
N120	G40G00X100.0Z100.0;	退刀
N130	M05;	主轴停转
N140	M00;	程序暂停
N150	T0202;	调用 93°外圆刀
N160	G40G98M03S1200;	主轴正转,转速 1200r/min

续表

程序段号	程序内容	说　明
N170	G42G00X37.0Z5.0；	快速进给至加工起始点
N180	G70P30Q40F100；	左边外圆轮廓精加工
N190	G40G00X100.0Z100.0；	退刀
N200	M05；	主轴停转
N210	M30；	程序结束

表 3.58　车削工件左边内孔轮廓的程序

程序段号	程序内容	说　明
N010	%	程序开始符
N020	O0005；	程序名
N030	T0101；	调用盲孔粗车刀
N040	G40M03S600；	主轴正转，转速 600r/min
N050	G41G00X14.0Z5.0；	快速进给至循环起始点
N060	G71U1.5R0.5；	左边内孔轮廓粗加工
N070	G71P50Q60U-0.2W0F80；	
N080	N50G01X20.0Z0；	直线进给 C2 倒角起始点
N090	G01X16.0Z-2.0；	车削 C2 倒角
N100	G01X16.0Z-15.0；	车削∅16 内孔
N110	N60G40G01X8.0Z-15.0；	提刀
N120	G00X8.0Z100.0；	退刀
N130	G40G00X100.0Z100.0；	退刀
N140	M05；	主轴停转
N150	M00；	程序停止
N160	T0202；	调用盲孔精镗刀
N170	G40M03S800；	主轴正转，转速 800r/min
N180	G41G00X14.0Z5.0；	快速进给至循环起始点
N190	G70P50Q60F60；	左边内孔轮廓精加工
N200	G00X8.0Z100.0；	退刀
N210	G40G00X100.0Z100.0；	退刀
N220	M05；	主轴停转
N230	M30；	程序结束

任务 2　加工工件

加工工作的步骤如下。

1）开启机床。

2）安装刀具和毛坯。

3）将车削右边的外圆轮廓加工程序输入。

4）对刀。

5）设置刀补。

6）点击循环启动，自动加工工件。

7）选择工件的精加工程序段，即利用 G71 循环中的 N10、N20 之间的部分重新写一个精加工程序。

8）点击循环启动，运行精加工程序，进行精加工。

9）加工完毕后，测量工件尺寸与实际尺寸的差值，然后在刀具磨损中修改差值。

10）重复第 8）～9）步骤，直至工件尺寸合格为止。

11）输入加工槽的程序。

12）点击循环启动，自动加工工件。

13）加工完毕后，测量工件尺寸与实际尺寸的差值，然后在刀具磨损中修改差值，继续运行加工槽的程序，直至槽的尺寸合格为止。

14）输入加工螺纹的程序。

15）设置刀补。

16）点击循环启动，自动加工工件。

17）加工完毕后，测量工件尺寸与实际尺寸的差值，然后在刀具磨损中修改差值，继续运行加工螺纹的程序，直至螺纹的尺寸合格为止。

18）掉头，夹住工件∅25 外圆处，但不要夹到 R2.5 处。

19）输入车削左边外圆轮廓的加工程序。

20）对刀。

21）设置刀补。

22）点击循环启动，自动加工工件。

23）选择工件的精加工程序段，即利用 G71 循环中的 N30、N40 之间的部分重新写一个精加工程序。

24）点击循环启动，运行精加工程序，进行精加工。

25）加工完毕后，测量工件尺寸与实际尺寸的差值，然后在刀具磨损中修改差值。

26）重复第 24）～25）步骤，直至工件尺寸合格为止。

27）输入加工工件左边内孔轮廓的程序。

28）点击循环启动，自动加工工件。

29）选择工件的精加工程序段，即利用 G71 循环中的 N50、N60 之间的部分重新写一个精加工程序。

30）点击循环启动，运行精加工程序，进行精加工。

31）加工完毕后，测量工件尺寸与实际尺寸的差值，然后在刀具磨损中修改差值。

32）重复第 30）～31）步骤，直至工件尺寸合格为止。

33）加工完毕，卸下工件，打扫机床卫生。

任务 3　掌握 G71、G70 和 M00 指令的格式和应用

1. G71 外圆粗车循环指令

G71 指令的格式如下：

```
G71U(Δi)R(Δk);
G71P(ns)Q(nf)U(Δu)W(Δw)F(f)S(s)T(t);
```

其中，Δi 为每一刀的进刀量。

Δk 为每一刀的退刀量，U－R 为实际每一刀的切削深度。

ns 为循环起始行的程序段序号。

nf 为循环结束行的程序段序号。

Δu 为 X 方向精加工余量。

Δw 为 Z 方向的精加工余量。

f 为进给率。

s 为转速。

t 为刀具号码。

2. G70 精加工指令

G70 指令格式如下：

```
G71 P(ns)Q(nf) F(f);
```

其中，ns 为循环起始行的程序段序号。

nf 为循环结束行的程序段序号。

f 为进给率。

3. M00 程序暂停指令

M00 指令单独使用。

提示

1)G71 外圆粗车循环指令中，P、Q 之间的部分称为循环体，为工件待加工部分的轮廓轨迹，即只要将刀沿着工件轮廓运动的程序编出即可。

2)G71 外圆粗车循环指令用于棒料毛坯的加工。

3)在精车循环 G70 状态下，P 至 Q 程序中指定的 F、S、T 有效；当 P 至 Q 在程序中不指定时，粗车循环中指定的 F、S、T 有效。

4)系统执行 M00 指令时，主轴的转动、进给、切削液都停止，可进行某一手动操作。系统保持这种状态，直至重新启动机床，继续执行 M00 指令后面的程序。另外，M01、M02 指令都有程序停止的意思，但执行 M01 时程序有条件停止，只有从控制面板上按下“选择停止”键，M01 指令才有效，否则跳过 M01 指令，继续执行后面的程序；M02 指令表示执行完程序内所有指令后，主轴停止，进给停止，冷却液关闭，机床处于复位状态；而 M30 除了表示 M02 的内容外，刀具还要返回刀程序的起始状态，准备下一个零件的加工。

任务 4　评价并总结

请你对照评分表 3.59 和自己加工的工件，给自己一个正确的评价，并找出你在学习过程中遇到的问题及解决方法，认真总结。

表 3.59 自我鉴定表

鉴定项目及标准	配分	自检	结果	得分	备注
用试切法对刀	5				
$\varnothing 30_{-0.033}^{0}$	5				
$\varnothing 25_{-0.033}^{0}$	10				
C2(两处)	5				
∅16(两处)	5				
R1(两处)	5				
R2.5	5				
$20_{-0.033}^{0}$	10				
13	5				
12	5				
20±0.03	10				
4	5				
M20×2	10				
60±0.15	5				
精度检验及误差分析	10				
总结					

■ 项目十　使用 G72 指令和 G70 指令加工工件 ■

G72 为端面车削固定循环指令；G70 为精加工循环指令。

仔细分析图 3.25，根据表 3.60 中给定的工具和毛坯，编写出最合理的程序，加工出合要求的工件。

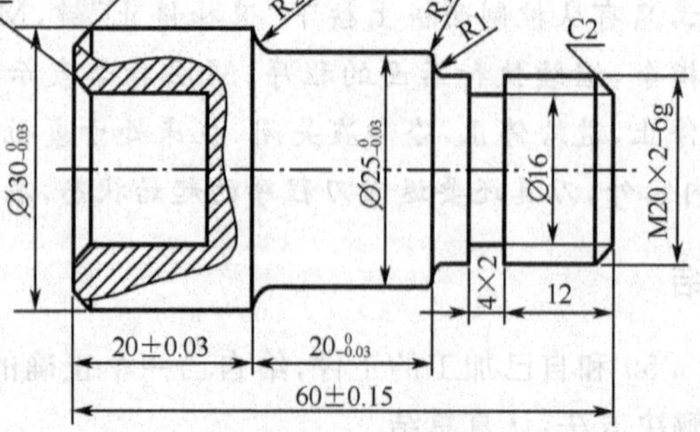

图 3.25 工件图示

表 3.60 工/量具准备通知单

分类	名称	尺寸规格	数量	备注
材料	塑料	∅35×65	1根	
刀具	盲孔镗刀	20mm	1把	夹固式车刀
	普通外螺纹刀	20mm	1把	
	切槽刀	4mm	1把	
	93°外圆车刀	20mm	1把	
	90°外圆车刀	20mm	1把	
工具	锉刀		1套	修理工件
	铜片		若干	
	夹紧工具		1套	
	刷子		1把	
	油壶		1把	
	清洗油		若干	
量具	0～150mm 游标卡尺		1把	
	0～25mm 外径千分尺		1把	
	25～50mm 外径千分尺		1把	
其他	草稿纸		适量	
	计算器			
	工作服			
	护目镜			

任务

任务1 编写程序

1. 工艺分析

1）车削工件右边端面。
2）车削工件右边外圆轮廓。
3）车削工件右边槽。
4）车削工件右边螺纹。
5）车削工件左边外圆轮廓。
6）在工件左边打孔。
7）车削工件左边内孔轮廓。

2. 编写程序

编写程序请参阅表 3.61～表 3.65 及其说明。

表 3.61 车削工件右边外圆轮廓的程序

程序段号	程序内容	说明
N010	%	程序开始符
N020	O0001；	程序名
N030	T0101；	调用90°外圆刀
N040	G40M03S800；	主轴正转，转速800r/min
N050	G42G00X37.0Z5.0；	快速进给至加工起始点
N060	G72U1.5R0.5；	右边外圆轮廓粗加工
N070	G72P10Q20U0.5W0F150；	
N080	N10G01X16.0Z0；	直线进给至C2倒角起始点
N090	G01X20.0Z-2.0；	车削C2倒角
N100	G01X20.0Z-19.0；	车削∅20
N110	G02X22.0Z-20.0I1.0K0；	车削R1圆角
N120	G01X23.0Z-20.0；	车削∅25外圆右端面
N130	G03X25.0Z-21.0I0K-1.0；	车削R1圆角
N140	G01X25.0Z-37.5；	车削∅25外圆
N150	G02X30.0Z-40.0I2.5K0；	车削R2.5圆角
N160	N20G40G01X37.0Z-40.0；	提刀
N170	G40G00X100.0Z100.0；	退刀
N180	M05；	主轴停转
N190	M00；	程序暂停
N200	T0202；	调用93°外圆刀
N210	G40M03S1200；	主轴正转，转速1200r/min
N220	G42G00X37.0Z5.0；	快速进给至加工起始点
N230	G70P10Q20F100；	右边外圆轮廓精加工
N240	G40G00X100.0Z100.0；	退刀
N250	M05；	主轴停转
N260	M30；	程序结束

表 3.62 车削槽的加工程序

程序段号	程序内容	说明
N010	%	程序开始符
N020	O0002；	程序名
N030	T0303；	调用切槽刀
N040	G40M03S600；	主轴正转，转速600r/min
N050	G42G00X22.0Z-16.0；	快速进给至加工起始点
N060	G01X16.0Z-16.0；	车削∅16槽
N070	G04P1；	延时1s
N080	G01X22.0Z-16.0；	提刀
N090	G40G00X100.0Z100.0；	退刀
N100	M05；	主轴停转
N110	M30；	程序结束

表 3.63 车削工件右边螺纹的加工程序

程序段号	程序内容	说明
N010	%	程序开始符
N020	O0003;	程序名
N030	T0404;	调用螺纹刀
N040	G40M03S600;	主轴正转,转速 600r/min
N050	G42G00X22.0Z5.0;	快速进给至加工起始点
N060	G92X19.6Z-13.0F2.0;	车削螺纹第一刀
N070	G92X19.2Z-13.0F2.0;	车削螺纹第二刀
N080	G92X18.9Z-13.0F2.0;	车削螺纹第三刀
N090	G92X18.6Z-13.0F2.0;	车削螺纹第四刀
N100	G92X18.1Z-13.0F2.0;	车削螺纹第五刀
N110	G92X17.9Z-13.0F2.0;	车削螺纹第六刀
N120	G92X17.7Z-13.0F2.0;	车削螺纹第七刀
N130	G92X17.6Z-13.0F2.0;	车削螺纹第八刀
N140	G92X17.5Z-13.0F2.0;	车削螺纹第九刀
N150	G92X17.4Z-13.0F2.0;	车削螺纹第十刀
N160	G92X17.4Z-13.0F2.0;	车削螺纹第十一刀
N170	G40G00X100.0Z100.0;	退刀
N180	M05;	主轴停转
N190	M30;	程序结束

表 3.64 车削工件左边外圆轮廓的程序

程序段号	程序内容	说明
N010	%	程序开始符
N020	O0004;	程序名
N030	T0101;	调用 90°外圆刀
N040	G40M03S800;	主轴正转,转速 800r/min
N050	G42G00X37.0Z5.0;	快速进给至加工起始点
N060	G72U1.5R0.5;	左边外圆轮廓粗加工
N070	G72P30Q40U0.5W0F150;	
N080	N30G01X26.0Z0;	直线进给至 C2 倒角起始点
N090	G01X30.0Z-2.0;	车削 C2 倒角
N100	G01X30.0Z-21.0;	车削∅30 外圆
N110	N40G40G01X37.0Z-21.0;	提刀
N120	G40G00X100.0Z100.0;	退刀
N130	M05;	主轴停转
N140	M00;	程序暂停
N150	T0202;	调用 93°外圆刀
N160	G40M03S1200;	主轴正转,转速 1200r/min
N170	G42G420X37.0Z5.0;	快速进给至加工起始点

续表

程序段号	程序内容	说明
N180	G70P30Q40F100;	左边外圆轮廓精加工
N190	G40G00X100.0Z100.0;	退刀
N200	M05;	主轴停转
N210	M30;	程序结束

表 3.65 车削工件左边内孔轮廓的程序

程序段号	程序内容	说明
N010	%	程序开始符
N020	O0005;	程序名
N030	T0101;	调用盲孔粗车刀
N040	G40M03S600;	主轴正转,转速 600r/min
N050	G41G00X14.0Z5.0;	快速进给至循环起始点
N060	G72U1.5R0.5;	左边内孔轮廓粗加工
N070	G72P50Q60U-0.2W0F80;	
N080	N50G01X20.0Z0;	直线进给 C2 倒角起始点
N090	G01X16.0Z-2.0;	车削 C2 倒角
N100	G01X16.0Z-15.0;	车削∅16 内孔
N110	N60G40G01X8.0Z-15.0;	提刀
N120	G00X8.0Z100.0;	退刀
N130	G40G00X100.0Z100.0;	退刀
N140	M05;	主轴停转
N150	M00;	程序停止
N160	T0202;	调用盲孔精镗刀
N170	G40M03S800;	主轴正转,转速 800r/min
N180	G41G00X14.0Z5.0;	快速进给至循环起始点
N190	G70P50Q60F60;	左边内孔轮廓精加工
N200	G00X8.0Z100.0;	退刀
N210	G40G00X100.0Z100.0;	退刀
N220	M05;	主轴停转
N230	M30;	程序结束

任务 2 加工工件

加工工件步骤如下。

1）开启机床。

2）安装刀具和毛坯。

3）将车削右边的外圆轮廓加工程序输入。

4）对刀。

5）设置刀补。

6）点击循环启动，自动加工工件。

7）选择工件的精加工程序段，即利用G72循环中的N10、N20之间的部分重新写一个精加工程序。

8）点击循环启动，运行精加工程序，进行精加工。

9）加工完毕后，测量工件尺寸与实际尺寸的差值，然后在刀具磨损中修改差值。

10）重复第8）～9）步骤，直至工件尺寸合格为止。

11）输入加工槽的程序。

12）点击循环启动，自动加工工件。

13）加工完毕后，测量工件尺寸与实际尺寸的差值，然后在刀具磨损中修改差值，继续运行加工槽的程序，直至槽的尺寸合格为止。

14）输入加工螺纹的程序。

15）设置刀补。

16）点击循环启动，自动加工工件。

17）加工完毕后，测量工件尺寸与实际尺寸的差值，然后在刀具磨损中修改差值，继续运行加工螺纹的程序，直至螺纹的尺寸合格为止。

18）掉头，夹住工件∅25外圆处，但不要夹到R2.5处。

19）输入车削左边外圆轮廓的加工程序。

20）对刀。

21）设置刀补。

22）点击循环启动，自动加工工件。

23）选择工件的精加工程序段，即利用G72循环中的N30、N40之间的部分重新写一个精加工程序。

24）点击循环启动，运行精加工程序，进行精加工。

25）加工完毕后，测量工件尺寸与实际尺寸的差值，然后在刀具磨损中修改差值。

26）重复第24）～25）步骤，直至工件尺寸合格为止。

27）输入加工工件左边内孔轮廓的程序。

28）点击循环启动，自动加工工件。

29）选择工件的精加工程序段，即利用G71循环中的N50、N60之间的部分重新写一个精加工程序。

30）点击循环启动，运行精加工程序，进行精加工。

31）加工完毕后，测量工件尺寸与实际尺寸的差值，然后在刀具磨损中修改差值。

32）重复第29）～31）步骤，直至工件尺寸合格为止。

33）加工完毕，卸下工件，打扫机床卫生。

任务3 掌握G72指令的格式及应用

G72端面车削固定循环指令的指令格式如下：

```
G72U(Δi) R(d);
```

```
G72P(ns)Q(nf)U(Δu)W(Δw)F(f)S(s)T(t);
```

其中，Δi 为每一刀的进刀量。

d 为每一刀的退刀量，U−R 为实际每一刀的切削深度。

ns 为循环起始行的程序段序号。

nf 为循环结束行的程序段序号。

Δu 为 X 方向精加工余量。

Δw 为 Z 方向的精加工余量。

f 为进给率。

s 为转速。

t 为刀具号码。

提示

1）G72 端面车削固定循环指令与 G71 外圆粗车循环指令的区别在于，G72 指令是平行于 X 轴切削，而 G71 指令是平行于 Z 轴切削，其他的地方相同。

2）G72 端面车削固定循环指令适用于棒料毛坯的加工。

任务 4 评价并总结

请你对照评分表 3.66 和自己加工的工件，给自己一个正确的评价，并找出在学习过程中遇到的问题及解决方法，认真总结。

表 3.66 自我鉴定表

鉴定项目及标准	配 分	自 检	结 果	得 分	备 注
用试切法对刀	5				
$\varnothing 30_{-0.033}^{\ 0}$	5				
$\varnothing 25_{-0.033}^{\ 0}$	10				
C2(两处)	5				
∅16(两处)	5				
R1(两处)	5				
R2.5	5				
$20_{-0.033}^{\ 0}$	10				
13	5				
12	5				
20±0.03	10				
4	5				
M20×2	10				
60±0.15	5				
精度检验及误差分析	10				
总结					

■ 项目十一　使用 G73 指令和 G70 指令加工工件 ■

G73 指令为固定形状循环指令。

仔细分析图 3.26，根据表 3.67 中给定的工具和毛坯，编写出最合理的程序，加工出合要求的工件。

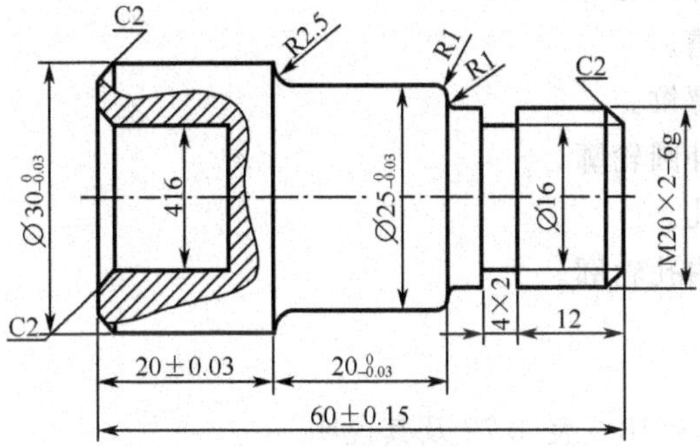

图 3.26　使用 G73 与 G70 指令加工

表 3.67　工/量具准备通知单

分　类	名　称	尺寸规格	数　量	备　注
材料	塑料	∅35×65	1 根	
刀具	盲孔镗刀	20mm	1 把	夹固式车刀
	普通外螺纹刀	20mm	1 把	
	切槽刀	4mm	1 把	
	93°外圆车刀	20mm	1 把	
	90°外圆车刀	20mm	1 把	
工具	锉刀		1 套	修理工件
	铜片		若干	
	夹紧工具		1 套	
	刷子		1 把	
	油壶		1 把	
	清洗油		若干	
量具	0～150mm 游标卡尺		1 把	
	0～25mm 外径千分尺		1 把	
	25～50mm 外径千分尺		1 把	
其他	草稿纸		适量	
	计算器			
	工作服			
	护目镜			

任务

任务1 编写程序

1. 工艺分析

1）车削工件右边端面。

2）车削工件右边外圆轮廓。

3）车削工件右边槽。

4）车削工件右边螺纹。

5）车削工件左边外圆轮廓。

6）在工件左边打孔。

7）车削工件左边内孔轮廓。

2. 编写程序

编制程序请参阅表3.68～表3.72及其说明。

表3.68 车削工件右边外圆轮廓的程序

程序段号	程序内容	说明
N010	%	程序开始符
N020	O0001；	程序名
N030	T0101；	调用90°外圆车刀
N040	G40M03S800；	主轴正转，转速800r/min
N050	G42G00X37.0Z5.0；	快速进给至加工起始点
N060	G73U10.0W10.0R10；	右边外圆轮廓粗加工
N070	G73P10Q20U0.5W0F150；	
N080	N10G01X16.0Z0；	直线进给至C2倒角起始点
N090	G01X20.0Z-2.0；	车削C2倒角
N100	G01X20.0Z-19.0；	车削∅20外圆
N110	G02X22.0Z-20.0I1.0K0；	车削R1圆角
N120	G01X23.0Z-20.0；	车削∅25外圆端面
N130	G03X25.0Z-21.0I0K-1.0；	车削R1圆角
N140	G01X25.0Z-37.5；	车削∅25外圆
N150	G02X30.0Z-40.0I2.5K0；	车削R2.5圆角
N160	N20G40G01X37.0Z-40.0；	提刀
N170	G40G00X100.0Z100.0；	退刀
N180	M05；	主轴停转
N190	M00；	程序暂停
N200	T0202；	调用93°外圆车刀
N210	G40M03S1200；	主轴正转，转速1200r/min
N220	G42G00X37.0Z5.0；	快速进给至加工起始点

续表

程序段号	程序内容	说明
N230	G70P10Q20F100；	右边外圆轮廓精加工
N240	G40G00X100.0Z100.0；	退刀
N250	M05；	主轴停转
N260	M30；	程序停止

表 3.69 车削槽的加工程序

程序段号	程序内容	说明
N010	%	程序开始符
N020	O0002；	程序名
N030	T0303；	调用切槽刀
N040	G40M03S400；	主轴正转，转速 400r/min
N050	G42G00X22.0Z-16.0；	快速进给至加工起始点
N060	G01X16.0Z-16.0；	车削∅16 槽
N070	G04P1；	延时 1s
N080	G01X22.0Z-16.0；	提刀
N090	G40G00X100.0Z100.0；	退刀
N100	M05；	主轴停转
N110	M30；	程序停止

表 3.70 车削工件右边螺纹的加工程序

程序段号	程序内容	说明
N010	%	程序开始符
N020	O0003；	程序名
N030	T0404；	调用螺纹刀
N040	G40M03S600；	主轴正转，转速 600r/min
N050	G42G00X22.0Z5.0；	快速进给至加工起始点
N060	G92X19.6Z-13.0F2.0；	车削螺纹第一刀
N070	G92X19.2Z-13.0F2.0；	车削螺纹第二刀
N080	G92X18.9Z-13.0F2.0；	车削螺纹第三刀
N090	G92X18.6Z-13.0F2.0；	车削螺纹第四刀
N100	G92X18.3Z-13.0F2.0；	车削螺纹第五刀
N110	G92X18.0Z-13.0F2.0；	车削螺纹第六刀
N120	G92X17.8Z-13.0F2.0；	车削螺纹第七刀
N130	G92X17.6Z-13.0F2.0；	车削螺纹第八刀
N140	G92X17.5Z-13.0F2.0；	车削螺纹第九刀
N150	G92X17.4Z-13.0F2.0；	车削螺纹第十刀
N160	G92X17.4Z-13.0F2.0；	车削螺纹第十一刀
N170	G40G00X100.0Z100.0；	退刀
N180	M05；	主轴停转
N190	M30；	程序停止

表 3.71 车削工件左边外圆轮廓的程序

程序段号	程序内容	说明
N010	%	程序开始符
N020	O0004;	程序名
N030	T0101;	调用 90°外圆车刀
N040	G40M03S800;	主轴正转,转速 800r/min
N050	G42G00X37.0Z5.0;	快速进给至加工起始点
N060	G73U10.0W10.0R5;	左边外圆轮廓粗加工
N070	G73P30Q40U0.5W0F150;	
N080	N30G01X26.0Z0;	直线进给至 C2 倒角起始点
N090	G01X30.0Z-2.0;	车削 C2 倒角
N100	G01X30.0Z-21.0;	车削∅20 外圆
N110	N40G40G01X37.0Z-21.0;	提刀
N120	G40G00X100.0Z100.0;	退刀
N130	M05;	主轴停转
N140	M00;	程序暂停
N150	T0202;	调用 93°外圆车刀
N160	G40M03S1200;	主轴正转,转速 1200r/min
N170	G42G00X37.0Z5.0;	快速进给至加工起始点
N180	G70P30Q40F100;	左边外圆轮廓精加工
N190	G40G00X100.0Z100.0;	退刀
N200	M05;	主轴停转
N210	M30;	程序结束

表 3.72 车削工件左边内孔轮廓的程序

程序段号	程序内容	说明
N010	%	程序开始符
N020	O0005;	程序名
N030	T0101;	调用盲孔粗镗刀
N040	G40M03S600;	主轴正转,转速 600r/min
N050	G41G00X14.0Z5.0;	快速进给至加工起始点
N060	G73U10.0W10.0R5;	左边外圆轮廓粗加工
N070	G73P50Q60U-0.2W0F80;	
N080	N50G01X20.0Z0;	直线进给至 C2 倒角起始点
N090	G01X16.0Z-2.0;	车削 C2 倒角
N100	G01X16.0Z-15.0;	车削∅16 内孔
N110	N60G40G01X8.0Z-15.0;	提刀
N120	G00X8.0Z100.0;	退刀

续表

程序段号	程序内容	说　明
N130	G40G00X100.0Z100.0；	退刀
N140	M05；	主轴停转
N150	M00；	程序暂停
N160	T0202；	调用盲孔精镗刀
N170	G40M03S800；	主轴正转，转速800r/min
N180	G41G00X14.0Z5.0；	快速进给至加工起始点
N190	G70P50Q60F60；	左边外圆轮廓精加工
N200	G00X8.0Z100.0；	退刀
N210	G40G00X100.0Z100.0；	退刀
N220	M05；	主轴停转
N230	M30；	程序结束

任务2　加工工件

加工工作的步骤如下。

1）开启机床。

2）安装刀具和毛坯。

3）将车削右边的外圆轮廓加工程序输入。

4）对刀。

5）设置刀补。

6）点击循环启动，自动加工工件。

7）选择工件的精加工程序段，即利用G72循环中的N10、N20之间的部分重新写一个精加工程序。

8）点击循环启动，运行精加工程序，进行精加工。

9）加工完毕后，测量工件尺寸与实际尺寸的差值，然后在刀具磨损中修改差值。

10）重复第8）～9）步骤，直至工件尺寸合格为止。

11）输入加工槽的程序。

12）点击循环启动，自动加工工件。

13）加工完毕后，测量工件尺寸与实际尺寸的差值，然后在刀具磨损中修改差值，继续运行加工槽的程序，直至槽的尺寸合格为止。

14）输入加工螺纹的程序。

15）设置刀补。

16）点击循环启动，自动加工工件。

17）加工完毕后，测量工件尺寸与实际尺寸的差值，然后在刀具磨损中修改差值，继续运行加工螺纹的程序，直至螺纹的尺寸合格为止。

18）掉头，夹住工件∅25外圆处，但不要夹到R2.5处。

19）输入车削左边外圆轮廓的加工程序。

20）对刀。

21）设置刀补。

22）点击循环启动，自动加工工件。

23）选择工件的精加工程序段，即利用 G72 循环中的 N30、N40 之间的部分重新写一个精加工程序。

24）点击循环启动，运行精加工程序，进行精加工。

25）加工完毕后，测量工件尺寸与实际尺寸的差值，然后在刀具磨损中修改差值。

26）重复第 24）～25）步骤，直至工件尺寸合格为止。

27）输入加工工件左边内孔轮廓的程序。

28）点击循环启动，自动加工工件。

29）选择工件的精加工程序段，即利用 G71 循环中的 N50、N60 之间的部分重新写一个精加工程序。

30）点击循环启动，运行精加工程序，进行精加工。

31）加工完毕后，测量工件尺寸与实际尺寸的差值，然后在刀具磨损中修改差值。

32）重复第 29）～31）步骤，直至工件尺寸合格为止。

33）加工完毕，卸下工件，打扫机床卫生。

任务 3　掌握 G73 指令的格式及应用

G73 固定形状粗车循环指令的指令格式如下：

```
G73U(Δi)W(Δk)R(d);
G73P(ns)Q(nf)U(Δu)W(Δw)F(f)S(s)T(t);
```

其中，Δi 为 X 方向总的进刀量（半径值）。

Δk 为 Z 方向总的退刀量。

d 为循环次数。

ns 为循环起始行的程序段序号。

nf 为循环结束行的程序段序号。

Δu 为 X 方向精加工余量。

Δw 为 Z 方向的精加工余量。

f 为进给率。

s 为转速。

t 为刀具号码。

提示　G73 固定形状粗车指令适用于粗车轮廓形状与零件轮廓形状基本接近的毛坯。

任务 4　评价并总结

请你对照评分表 3.73 和自己加工的工件，给自己一个正确的评价，并找出在学习过程中遇到的问题及解决方法，认真总结。

表 3.73 自我鉴定表

鉴定项目及标准	配 分	自 检	结 果	得 分	备 注
用试切法对刀	5				
$\varnothing 30_{-0.033}^{0}$	5				
$\varnothing 25_{-0.033}^{0}$	10				
C2(两处)	5				
∅16(两处)	5				
R1(两处)	5				
R2.5	5				
$20_{-0.033}^{0}$	10				
13	5				
12	5				
20±0.03	10				
4	5				
M20×2	10				
60±0.15	5				
精度检验及误差分析	10				
总结					

模块四

数控车床编程提高与强化

本模块建立在前几个模块之上，运用所学知识和技能对复杂成形面加工程序的编制和特殊螺纹加工程序的编制进行分析和讲解。

知识目标

- 掌握圆弧面去除余量方法。
- 掌握圆弧面编程特点。
- 学会锥螺纹编程特点。

技能目标

- 掌握圆弧面的加工技巧。
- 学会正确选刀、对刀方法以及尺寸修正方法。

■ 项目一 圆弧面加工程序的编制 ■

仔细分析如图 4.1 所示的图纸，根据表 4.1 中给定的工具和毛坯，编写出最合理的程序，加工出符合要求的工件。

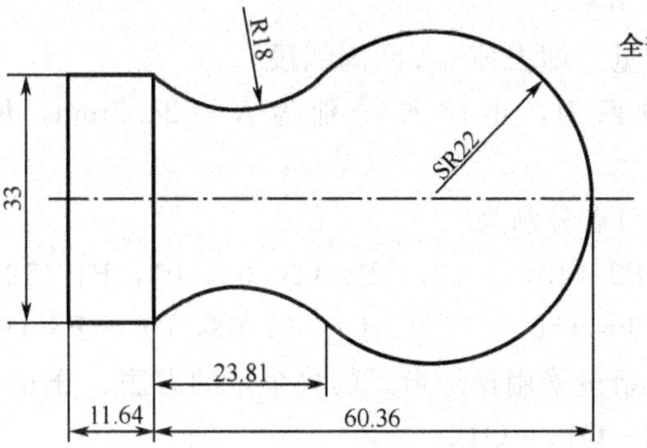

图 4.1 加工圆弧面工件

表 4.1 工/量具准备通知单

分 类	名 称	尺寸规格	数 量	备 注
材料	塑料	∅50×90	1 根	
刀具	93°外圆车刀(副偏角 35°)(T01)	20mm	1 把	夹固式车刀
	尖刀 60°(T02)	20mm	1 把	
	车槽刀(T03)	12mm	1 把	
工具	锉刀		1 套	修理工件
	铜片		若干	
	夹紧工具		1 套	
	刷子		1 把	
	油壶		1 把	
	清洗油		若干	
量具	0～150mm 游标卡尺		1 把	
	25～50mm 外径千分尺		1 把	
其他	草稿纸		适量	
	计算器			
	工作服			
	护目镜			

任务

任务 1　编写程序

1. 工艺分析

1）车削工件右边端面。

2）车削工件右边∅45 外圆。

3）先去掉右端球面余量，即去掉 0A 凸圆弧段。

采用同心圆弧形式分四刀，半径 R 分别为 $R=24.5$mm，$R=26.5$mm，$R=28.5$mm，$R=30.5$mm。

背吃刀量为 2mm。进刀点分别为

P1（16.7，0），P2（48，－22），P3（26.06，0），P4（52，－22），
P5（33.34，0），P6（56，－22），P7（39.68，0）－P8（60，－22）

4）车削工件中间凹弧余量采用梯形形式的去余量的方法、分五刀：

第一刀路线　Q1—Q2—Q11—Q12；

第二刀路线　Q1—Q3—Q10—Q12；

第三刀路线　Q1—Q4　Q9　Q12；

第四刀路线　Q1—Q5—Q8—Q12；

第五刀路线　Q1—Q6—Q7—Q12。

各点坐标为

Q1(50.0,－28.35),Q2(44.0,－32.82),Q3(40,－35.77),Q4(36,－38.72),
Q5(32,－41.66),Q6(28,－43.87),Q7(28,－54.04),Q8(32,－56.25),
Q9(36,－59.2),Q10(40,－62.15),Q11(44,－65.09),Q12(50,－69.35)

如图 4.2 所示为车削工件点及进刀路线。

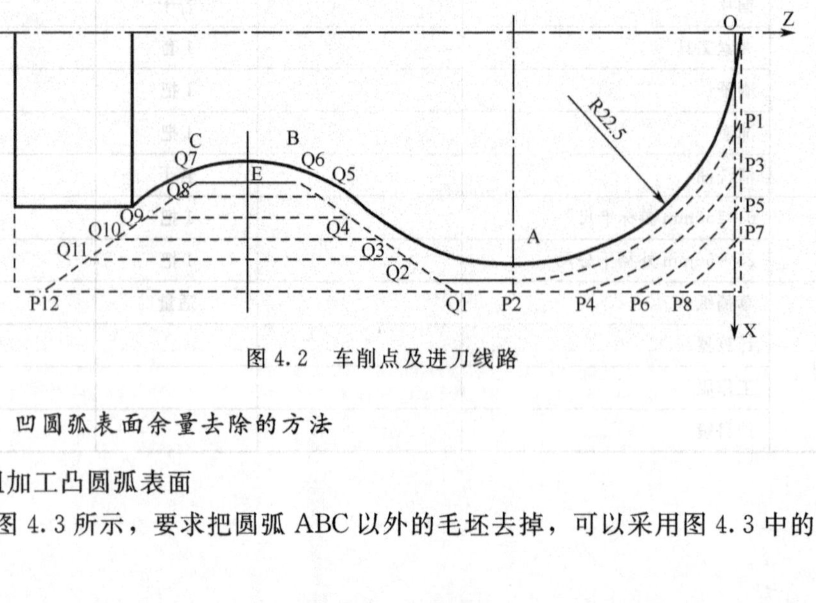

图 4.2　车削点及进刀线路

2. 凸、凹圆弧表面余量去除的方法

（1）粗加工凸圆弧表面

1）如图 4.3 所示，要求把圆弧 ABC 以外的毛坯去掉，可以采用图 4.3 中的直线法

来去掉，但该方法要求计算靠近圆弧轮廓的直线，不能过切，计算起来较繁琐。

2）如图 4.4 所示，要求把圆弧 ABC 以外的毛坯去掉，可以采用图 4.4 中的圆弧法来去掉，但该方法要求计算圆弧轮廓的圆弧，计算起来虽然方便，却会出现走空刀的现象。该方法与前面所讲的 G73 固定形状循环指令的作用相似。

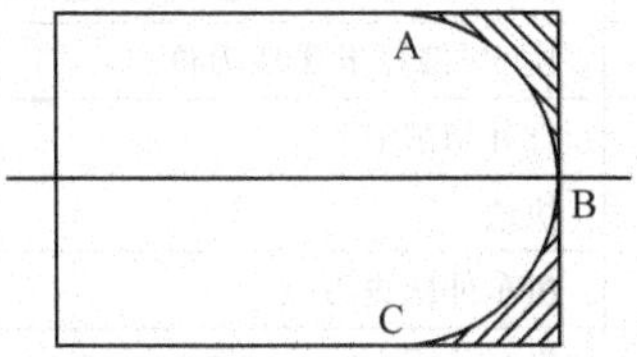

图 4.3 直线法

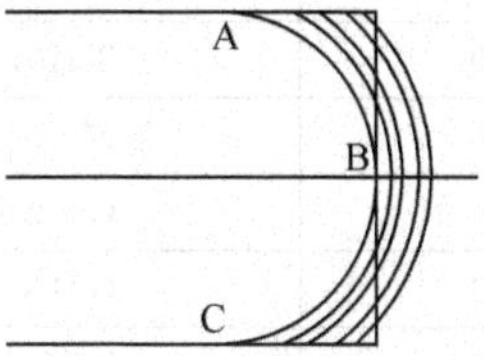

图 4.4 圆弧法

（2）粗加工凹圆弧表面

加工凹弧同样应该先除去凹弧表面的余量，其除去的方法有以下四种。

1）如图 4.5 的虚线路径所示用同心圆的方法去余量。走刀路线短。而且精车余量最均匀。

2）如图 4.6 的虚线路径所示用等径圆弧的方法去余量。其特点是计算和编程最简单，但走刀路线较其他几种方式长。

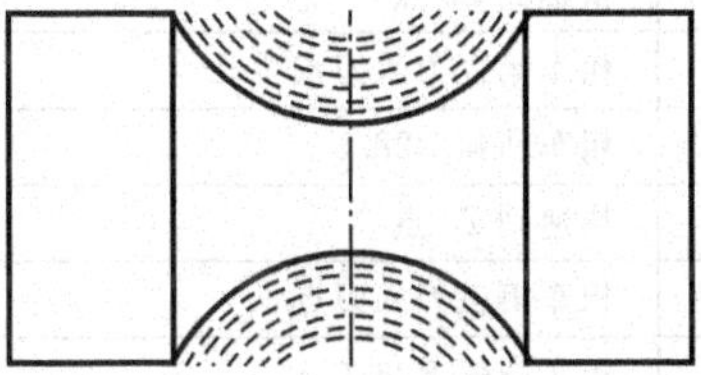

图 4.5 同心圆法

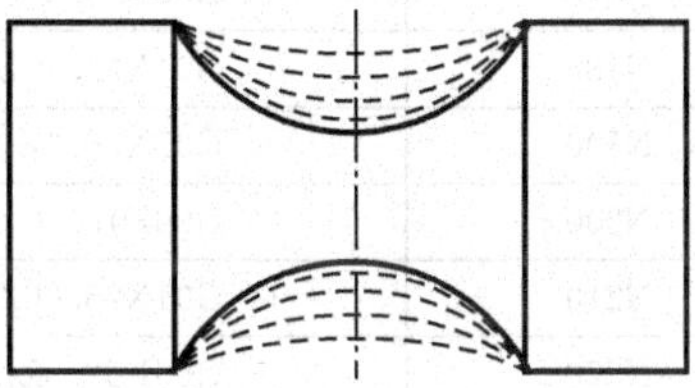

图 4.6 等径圆弧法

3）如图 4.7 的虚线路径所示用梯形的方法去余量。切削力分布合理，切削率最高。

4）如图 4.8 的虚线路径所示用三角形的方法去余量。走刀路线较同心圆弧形式长，但比梯形、等径圆弧形式短。

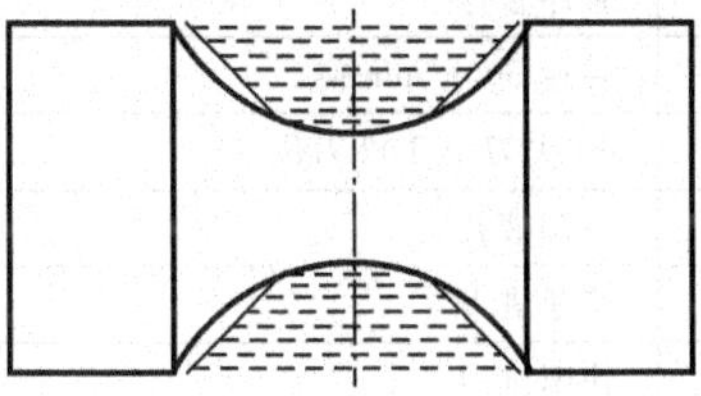

图 4.7 梯形法

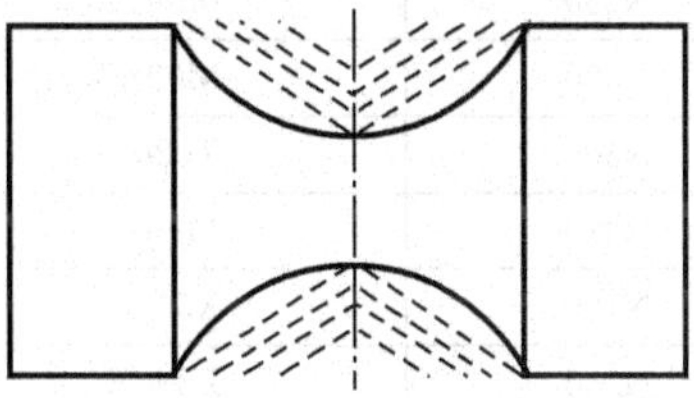

图 4.8 三角形法

3. 编写程序

程序编写如表 4.2 所示。

表 4.2 车削工件轮廓程序

程序段号	程序内容	说 明
N10	%	程序开始符
N20	O0001；	程序号
N30	G40G97G99M03S500；	取消刀具补偿主轴正转,转速 500r/min
N40	T0101；	换 90°偏刀于 T01 刀位
N50	M08；	打开切削液
N60	G00X52.0Z2.0；	快进
N70	G01X48.0F0.15；	粗车外圆进刀点
N80	Z-76.0；	粗车外圆
N90	G01X49.0	退刀
N100	G00Z2.0；	快速退刀
N110	G01X45.0F0.15	粗车外圆进刀点
N120	Z-76.0；	粗车外圆
N130	G01X50.0；	退刀
N140	G00Z2.0；	快速退刀
N150	G01X39.68Z0F0.15；	同心圆弧粗车凸弧
N160	G03X60Z-22R30.5	粗车凸弧
N170	G00Z0；	快速到 Z0 点
N180	G01X33.34Z0F0.15；	粗车第二刀入刀点
N190	G03X56.0Z-22R28.5	粗车凸弧 R28.5
N200	G00Z0；	快速到 Z0 点
N210	G01X26.06Z0F0.15；	粗车第三刀入刀点
N220	G03X52.0Z-22R26.5	粗车凸弧 R26.5
N230	G00Z0；	快速到 Z0 点
N240	G01X16.7Z0F0.15；	粗车第四刀入刀点
N250	G03X48.0Z-22R24.5	粗车凸弧 R24.5
N260	G00Z2.0；	快速退刀
N270	G00X100.0；Z100.0	快速进刀
N280	M00；	程序暂停
N290	M03S500；	转速 500r/min 换
N300	T0202	60°尖刀于 T02 刀位
N310	M08；	冷却液开
N320	X50.0	快速进刀
N330	Z-28.35	快速进刀
N340	G01X44.0Z-32.82F0.15	梯形形式去圆弧余量
N350	Z-65.09	粗车轮廓第一刀
N360	X50.0Z-69.35；	粗车轮廓第一刀
N370	Z-28.35	粗车轮廓第二刀
N380	X40.0Z-35.77；	粗车轮廓第二刀
N390	Z-62.15	粗车轮廓第二刀

续表

程序段号	程序内容	说 明
N400	X50.0Z-69.35；	粗车轮廓第二刀
N410	Z-28.35	粗车轮廓第三刀
N420	X36.0Z-38.72；	粗车轮廓第三刀
N430	Z-59.2；	粗车轮廓第三刀
N440	X50.0Z-69.35；	粗车轮廓第三刀
N450	Z-28.35	粗车轮廓第四刀
N460	X32.0Z-41.66	粗车轮廓第四刀
N470	X50.0Z-69.35；	粗车轮廓第四刀
N480	X28.0Z-43.87	粗车轮廓第四刀
N490	Z-54.04	粗车轮廓第四刀
N500	X50.0Z-69.35；	粗车轮廓第四刀
N510	G00Z2.0	快速退刀
N520	Z-60.36	快速进刀
N530	G01X44.0F0.15	粗车∅33 的外圆
N540	Z-72.0	粗车轮廓第一刀
N550	X45.0	粗车轮廓第一刀
N560	Z-60.36；	粗车轮廓第二刀
N570	X38.0；	粗车轮廓第二刀
N580	Z-72.0；	粗车轮廓第二刀
N590	X45.0；	粗车轮廓第二刀
N600	Z-60.36	粗车轮廓第三刀
N610	X33.5	粗车轮廓第三刀
N620	Z-72.0；	粗车轮廓第三刀
N630	M00	程序暂停
N640	G40G97G99M03S500T0101；	取消刀具补偿主轴正转，转速 500r/min 换 90°偏刀于 T01 刀位
N650	M08；	冷却液开
N660	G00Z0；	快速到 Z0 点
N670	G01X0F0.15；	工进到 X0 点
N680	G03X3.625Z-36.55R22.0；	加工 R22.0 的凸弧
N690	G02X33.0Z-60.36.0R18.0；	加工 R18.0 的凹弧
N700	G01Z-72.0	加工∅33.0 的外圆
N710	G01X50.0；	退刀
N720	G00X100.0Z100.0；	快速退刀
N730	M00	程序暂停
N740	M03S300	主轴正转，转速 300r/min
N750	T0303；	换 90°偏刀于 T03 刀位
N760	M08；	冷却液开

续表

程序段号	程序内容	说　明
N770	G00X50.0；	快速定位 X 轴
N780	Z-72.0；	快速定位 Z 轴
N790	G01X-0.5F0.1；	车断工件
N800	X50.0F0.3；	提刀
N810	G00X100.0Z100.0；	快速退刀
N820	M30；	程序结束
N830	%	程序结束符

思考　试用其他的凸、凹弧去余量的方法编写该加工程序。

任务 2　加工工件

加工工件的步骤如下。

1）开启机床。

2）安装刀具和毛坯。

3）将车削右边的粗加工程序输入。

4）对刀。

5）设置刀补。

6）点击循环启动，自动加工工件。

7）加工完毕后，测量工件尺寸与实际尺寸的差值，然后在刀具磨损中修改差值。

8）将车削右边的精加工程序输入。

9）点击循环启动，进行精加工。

10）加工完毕，卸下工件，打扫机床卫生。

任务 3　评价并总结

请你对照评分表 4.3 和自己加工的工件，给自己一个正确的评价，并找出你在学习过程中遇到的问题及解决方法，认真总结。

表 4.3　自我鉴定表

鉴定项目及标准	配　分	自检结果		得　分	备　注
用试切法对刀	20				
SR22	25				
∅33	25				
Ra3.2	10				
72	5				
精度检验及误差分析	15				
总结					

■ 项目二 复杂成形面加工程序的编制 ■

如图 4.9 所示的“手柄”与“三潭印月”，该图由多段圆弧组成，其圆弧的形状可分为凸圆弧和凹圆弧。在普通机床加工时需成形刀具或靠操作者双手同时操作来完成，而在数控机床上，则可通过编写程序由机床的圆弧插补指令进行加工。

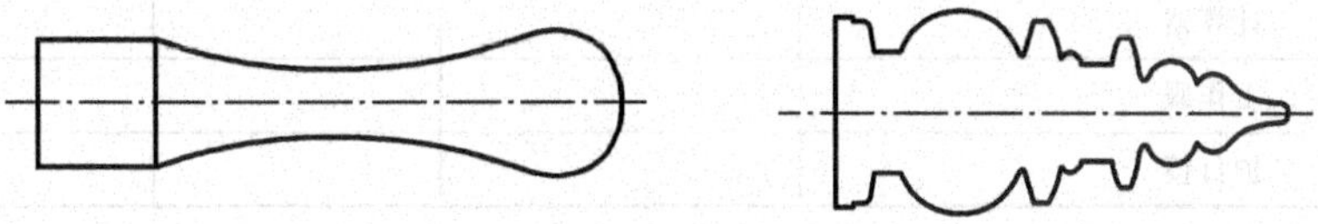

图 4.9 加工复杂成形面工具

加工三潭印月的零件材料为铝合金，毛坯尺寸∅30×90，要求粗/精加工。仔细分析如图 4.10 所示的图纸，根据表 4.4 中给定的工具和毛坯，编写出最合理的程序，加工出合要求的工件。

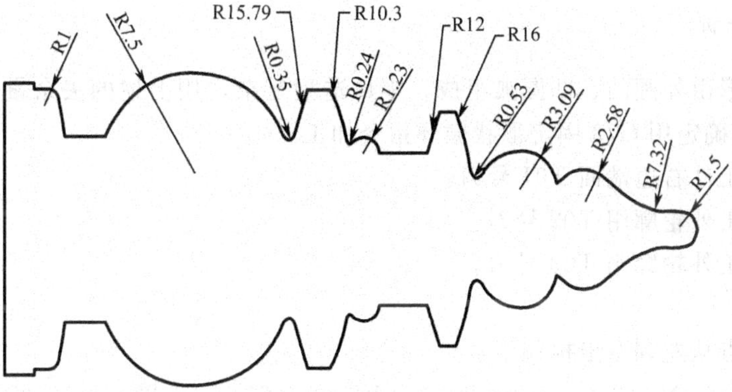

图 4.10 三潭印月图纸

表 4.4 工/量具准备通知单

分 类	名 称	尺寸规格	数 量	备 注
材料	铝合金	∅30×90	1 根	
刀具	90°外圆车刀	20mm	1 把	夹固式车刀
	HSS 尖刀 10°(T01)	20mm	1 把	
	10 硬质合金尖刀(T02)	20mm	1 把	
	车槽刀(T03)	12mm	1 把	
工具	锉刀		1 套	修理工件
	铜片		若干	
	夹紧工具		1 套	
	刷子		1 把	

续表

分 类	名 称	尺寸规格	数 量	备 注
工具	油壶		1把	
	清洗油		若干	
量具	0～150mm 游标卡尺		1把	
	25～50mm 外径千分尺		1把	
其他	草稿纸		适量	
	计算器			
	工作服			
	护目镜			

任务

任务1 编写程序

1. 工艺分析

1）该图形由外圆凸、凹圆弧组成，零件造型复杂，用上述的去余量的加工方法不能完成，所以确定用G73固定形状循环指令加工。

2）车削工件右边端面T01号刀。

3）粗加工外轮廓用T02号刀。

4）精加工外轮廓用T03号刀。

5）切断。

6）各节点从左到右坐标如下：

(0，0)，(2.5，－0.67)，(6.41，－6.61)，(6.82，－10.93)，(8.36，－16.74)，(8.02，－17.65)，(17.5，－18.85)，(17.5，－20.15)，(11.2，－21.05)，(11.2，－24.8)，(12.81，－27.02)，(13.28，－27.33)，(21.0，－28.65)，(21.0，－30.4)，(14.0，－31.45)，(14.0，－32.15)，(14.0，－46.15)，(14.0，－49.26)，(19.62，－49.71)，(21.0，－50.66)，(21.0，－51.66)，(22.0，－51.66)，(22.0，－54.0)

2. 编写程序

程序编写参阅表4.5及其说明。

表4.5 车削工件轮廓程序

程序段号	程序内容	说 明
N10	%	开始符
N20	O0001;	程序号

续表

程序段号	程序内容	说 明
N30	G97G99G40M03S800	取消刀具补偿，主轴正转 800r/min
	T0101M08；	用 T01 号刀开冷却液
N40	G00X40.0Z2.0；	设置刀具左补偿，快速到进刀循环点
N50	G73U10W2.0R8；	粗车循环
N60	G73P70Q300U0.5W0F0.1；	粗车的进给量为 0.1mm/r
N70	G42G00X0；	循环开始点 X 轴
N80	G01Z0；	循环开始点 Z 轴
N90	G03X2.5Z-0.67R1.5；	走圆弧面 R1.5
N100	G02X6.41Z-6.61R7.32；	走圆弧面 R7.32
N110	G03X6.82Z-10.93R2.58；	走圆弧面 R2.58
N120	G03X8.36Z-16.74R3.09；	走圆弧面 R3.09
N130	G02X8.02Z-17.65R0.53；	走圆弧面 R0.53
N140	G03X17.5Z-18.85R16.0；	走圆弧面 R16.0
N150	G01Z-20.15；	外圆柱∅35
N160	G03X11.2Z-21.05R12.0；	走圆弧面 R12.0
N170	G01Z-24.8；	外圆柱∅22.4
N180	G03X12.81Z-27.02R1.23；	走圆弧面 R1.23
N190	G02X13.28Z-27.33R0.24；	走圆弧面 R0.24
N200	G03X21.0Z-28.65R10.3；	走圆弧面 R10.3
N210	G01Z-30.4；	外圆柱∅42.0
N220	G03X14.0Z-31.45R15.79；	走圆弧面 R15.79
N230	G02X14.0Z-32.15R0.35；	走圆弧面 R0.35
N240	G03X14.0Z-46.15R7.5；	走圆弧面 R7.5
N250	G01Z-49.26；	外圆柱∅28
N260	X19.62Z-49.71	锥度
N270	G03X21.0Z-50.66R1.0；	走圆弧面 R1.0
N280	G01Z-51.66；	外圆柱∅42
N290	X22.0；	台阶
N300	Z-54.0	外圆柱∅44
N310	G00X100.0Z100.0；	快速退刀
N320	M05；	主轴停止
N330	M00；	程序暂停
N340	M03S800M08；	主轴正转 800r/min 开冷却液
N350	T0202；	调用 T02 号刀
N360	G00X40.0Z5.0；	设置刀具左补偿，快速到进刀循环点

续表

程序段号	程序内容	说　明
N370	G70P70Q300U0W0F0.1；	定义G70精车循环，精加工整个轮廓表面
N380	G00X100.0Z100.0；	快速退刀
N390	M00；	程序暂停
N400	M05；	主轴停止
N410	M00；	程序暂停
N420	M03S800M08；	主轴正转800r/min开冷却液
N430	T0303；	调用T03号刀车槽刀
N440	G00X40.0Z5.0；	快速定位点
N450	Z-54.0；	Z向快速定位点
N460	G01X-0.5F0.1；	车断工件
N470	X45.0	退刀
N480	G00X100.0Z100.0；	快速退刀
N490	M30；	程序结束
N500	%	程序结束符

任务2　加工工件

加工工件的步骤如下。

1）开启机床。

2）安装刀具和毛坯。

3）将车削右边的外圆轮廓加工程序输入。

4）对刀。

5）设置刀补。

6）点击循环启动，自动加工工件。

7）加工完毕后，测量工件尺寸与实际尺寸的差值，然后在刀具磨损中修改差值。

8）选择工件的精加工程序段，即调用G73循环中的N70、N300之间的部分重新写一个精加工程序。

9）点击循环启动，运行精加工程序，进行精加工。

10）重复第7）～9）步骤，直至工件尺寸合格为止。

11）输入加工槽的程序。

12）点击循环启动，自动加工工件。

13）加工完毕后，测量工件尺寸与实际尺寸的差值，然后在刀具磨损中修改差值，继续运行加工槽的程序，直至槽的尺寸合格为止。

14）加工完毕，卸下工件，打扫机床卫生。

任务3 评价并总结

请你对照评分表4.6和自己加工的工件，给自己一个正确的评价，并找出在学习过程中遇到的问题及解决方法，认真总结。

表4.6 自我鉴定表

鉴定项目及标准	配 分	自 检	结 果	得 分	备 注
用试切法对刀	15				
刀具的选择	5				
程序的正确编写	25				
程序的调试	15				
外形轮廓的控制	10				
表面光洁度	5				
车削用量的选择	5				
工件的长度控制	10				
精度检验及误差分析	10				
总结					

■ 项目三 部分复杂成形面加工程序的编制 ■

仔细分析如图4.11所示的图纸，根据表4.7中给定的工具和毛坯，编写出最合理的程序，加工出合要求的工件。

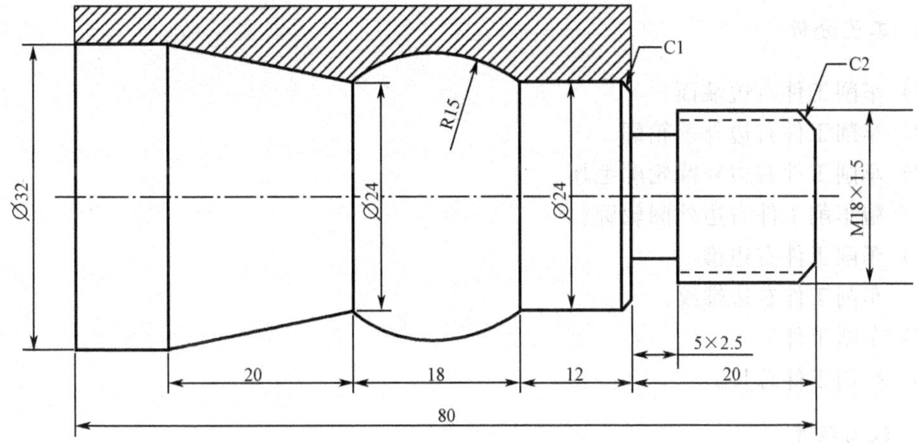

图4.11 加工复杂成形面工件

表 4.7 工/量具准备通知单

分 类	名 称	尺寸规格	数 量	备 注
材料	45＃钢	∅35×65	1根	
刀具	90°外圆车刀	20mm	1把	夹固式车刀
	93°(副偏角 35°)外圆车刀	20mm	1把	
	切槽刀	4mm	1把	
	普通外螺纹刀	20mm	1把	
		20mm	1把	
工具	锉刀		1套	修理工件
	铜片		若干	
	夹紧工具		1套	
	刷子		1把	
	油壶		1把	
	清洗油		若干	
量具	0～150mm 游标卡尺		1把	
	0～25mm 外径千分尺		1把	
	25～50mm 外径千分尺		1把	
其他	草稿纸		适量	
	计算器			
	工作服			
	护目镜			

任 务

任务 1 编写程序

1. 工艺分析

1）车削工件右边端面。
2）车削工件右边外圆轮廓。
3）车削工件右边外圆轮廓毛坯。
4）精车削工件右边外圆轮廓。
5）车削工件右边槽。
6）车削工件右边螺纹。
7）车断工件。
8）控制工件总长。

2. 编写程序

编制程序请参阅表 4.8 及其说明。

表 4.8 车削工件程序

程序段号	程序内容	说 明
N10	%	开始符
N20	O0001;	程序号
N30	G97G99G40M03S800;	取消刀具补偿,主轴正转 800r/min
N40	T0202M08	用 T02 号刀开冷却液
N50	G00X45.0Z5.0;	快速到进刀循环点
N60	G71U2.0R0.5	外圆粗车循环
N70	G71P80Q110U0.4W0.02F0.25;	外圆粗车循环
N80	N10G00G42X0;	X 轴循环开始点,设置刀具右补偿
N90	G01Z0;	Z 轴循环开始点
N100	X19.85C2;	车 C2 倒角
N110	N20Z-20.0;	循环结束点
N120	G00X100.0Z100.0;	快速退刀
N130	M05;	主轴停止
N140	M00;	程序暂停
N150	M03S800M08;	主轴正转 800r/min 开冷却液
N160	T0101;	用 T01 号刀
N170	G00X45.0Z5.0;	快速到进刀循环点
N180	G70P80Q110U0W0F0.1;	定义 G70 精车循环,精加工整个轮廓表面
N190	G00X100.0Z100.0;	快速退刀
N200	M05;	主轴停止
N210	M00;	程序暂停
N220	M03S800M08;	主轴正转 800r/min 开冷却液
N230	T0202;	用 T02 号刀
N240	G00X45.0Z5.0;	快速到进刀循环点
N250	G73U5W2.0R5;	粗车循环指令
N260	G73P270Q330U0.5W0F0.1;	粗车的进给量为 0.1mm/r
N270	N11G00G42X20.0;	X 轴循环开始点
N280	G01Z-18.0;	Z 轴循环开始点
N290	X24.0Z-21.0;	车锥度
N300	Z-32.0;	车∅24.0 外圆
N310	G03X24.0Z-50.0R15.0;	车 R15 圆弧面
N320	G01X32.0Z-70.0;	车锥度
N330	Z-80.0;	循环结束点
N340	G00X100.0Z100.0;	快速退刀
N350	M05;	主轴停止
N360	M00;	程序暂停
N370	M03S800M08;	主轴正转 800r/min 开冷却液
N380	T0202;	用 T02 号车槽刀
N390	G00X45.0Z-18.0;	设置刀具左补偿,快速到进刀循环点

续表

程序段号	程序内容	说 明
N400	G70P270Q330U0W0F0.1；	定义G70精车循环，精加工整个轮廓表面
N410	G00X100.0Z100.0；	快速退刀
N420	M05；	主轴停止
N430	M00；	程序暂停
N440	M03S300M08；	主轴正转800r/min开冷却液
N450	T0303；	用T03号刀
N460	G00X20.0Z-20.0；	快速定位到车槽的入刀点
N470	G01X13.0F0.1；	车槽第一刀
N480	X20.0；	退刀
N490	G00X100.0Z100.0；	快速退刀
N500	M05；	主轴停止
N510	M00；	程序暂停
N520	M03S300M08；	主轴正转300r/min开冷却液
N530	T0404；	用T04号刀
N540	G00X20.0Z5.0；	车螺纹的循环点
N550	G92X17.5Z-17.0F1.5；	车螺纹的第一刀
N560	X17.0；	车螺纹的第二刀
N570	X16.5；	车螺纹的第三刀
N580	X16.05；	车螺纹的第四刀
N590	X16.05	车螺纹的第五刀
N600	G00X100.0Z100.0；	快速退刀
N610	M30；	程序结束
N620	%	程序结束符

任务2 加工工件

加工工件的步骤如下。

1）开启机床。

2）安装刀具和毛坯。

3）将工件右边的外圆轮廓加工程序输入。

4）对刀。

5）设置刀补。

6）点击循环启动，自动加工工件。

7）加工完毕后，测量工件尺寸与实际尺寸的差值，然后在刀具磨损中修改差值。

8）选择工件的精加工程序段，即利用G73循环中的N80、N110之间的部分重新写一个精加工程序。

9）点击循环启动，运行精加工程序，进行精加工。

10）重复第7）～9）步骤，直至工件尺寸合格为止。

11）输入加工槽的程序。

12）点击循环启动，自动加工工件。

13）加工完毕后，测量工件尺寸与实际尺寸的差值，然后在刀具磨损中修改差值，继续运行加工槽的程序，直至槽的尺寸合格为止。

14）输入加工螺纹的程序。

15）设置刀补。

16）点击循环启动，自动加工工件。

17）加工完毕后，测量工件尺寸与实际尺寸的差值，然后在刀具磨损中修改差值，继续运行加工螺纹的程序，直至螺纹的尺寸合格为止。

18）车断工件。

19）掉头，夹住工件∅24 外圆处，但不要夹到锥度处。

20）车削左边端面控制工件总长。

21）加工完毕，卸下工件，打扫机床卫生。

在加工该复杂轮廓面工件时，使用了 G73 指令。使用该指令加工整个轮廓很方便。同样，当加工件只有部分复杂面时也可以运用 G73 指令。在以后的项目中也会经常遇到，希望读者多留心，能够做到灵活运用该指令。

任务 3　评价并总结

请你对照评分表 4.9 和自己加工的工件，给自己一个正确的评价，并找出你在学习过程中遇到的问题及解决方法，认真总结。

表 4.9　自我鉴定表

鉴定项目及标准	配　分	自　检	结　果	得　分	备　注
用试切法对刀	5				
$\varnothing 32_{-0.033}^{\ 0}$	5				
$\varnothing 24_{-0.033}^{\ 0}$	10				
C1(一处)	5				
C2(一处)	5				
R15(一处)	5				
锥度	5				
$80_{-0.1}^{\ 0}$	10				
20	5				
光洁度	5				
编程	10				
槽宽 5	5				
M18×1.5	10				
安全文明操作	5				
精度检验及误差分析	10				
总结					

■ 项目四　螺纹加工程序的编制 ■

仔细分析如图 4.12 所示的图纸，根据表 4.10 中给定的工具和毛坯，编写出最合理的程序，加工出合要求的工件。

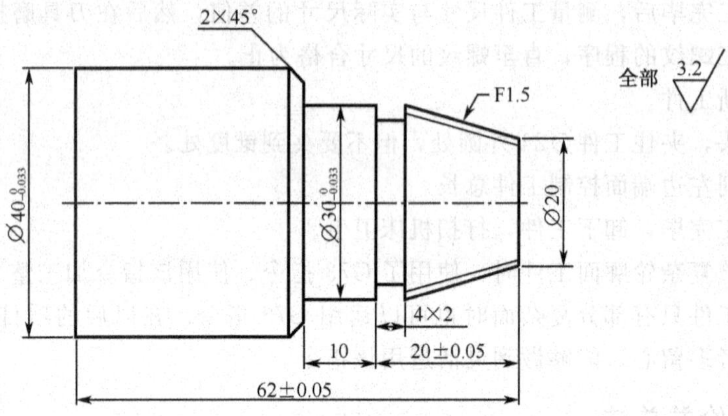

图 4.12　加工螺纹工件

表 4.10　工/量具准备通知单

分　类	名　称	尺寸规格	数　量	备　注
材料	塑料	Ø35×65	1 根	
刀具	90°外圆车刀	20mm	1 把	
	93°外圆车刀(T01)	4mm	1 把	
	切槽刀(T02)	20mm	1 把	
	螺纹刀(T03)	20mm	1 把	
工具	锉刀		1 套	修理工件
	铜片		若干	
	夹紧工具		1 套	
	刷子		1 把	
	油壶		1 把	
	清洗油		若干	
量具	0～150mm 游标卡尺		1 把	
	0～25mm 外径千分尺		1 把	
	25～50mm 外径千分尺		1 把	
其他	草稿纸		适量	
	计算器			
	工作服			
	护目镜			

任务

任务1 编写程序

1. 工艺分析

1）车削工件右边端面。
2）车削工件右边外圆轮廓。
3）车削工件右边槽。
4）车削工件右边螺纹。
5）车断工件。

2. 编写程序

编制程序请参阅表4.11及其说明。

表4.11 车削工件程序

程序段号	程序内容	说明
N10	%	程序开始符
N20	O0004；	程序号
N30	G40G97G99M03S500F0.25；	主轴正转，转速500r/min取消刀补
N40	T0101；	调用90°外圆车刀
N50	M08；	开冷却液
N60	G00X57.0Z3.0；	快速进给至加工起始点
N70	G71U2.0R0.5；	外圆粗加工循环
N80	G71P90Q140U0.4W0.02；	外圆粗加工循环
N90	G0G42X0；	X进刀点
N100	G01Z0；	Z进刀点
N110	X20.0；	车削端面
N120	X30.0Z-20.0；	车削锥度
N130	Z-30.0；	车∅30外圆
N140	Z-42.0；	快速进给至加工结束点
N150	G00X100.0Z100.0；	快速退刀
N160	M05；	主轴停转
N170	M03S1000；	主轴正转，转速1000r/min
N180	T0101；	调用90°外圆车刀
N190	G00X57.0Z2.0；	快速至循环点
N200	G70P10Q11 U0W0F0.1；；	外圆精加工循环
N210	G00X100.0Z100.0；	快速退刀
N220	M05；	主轴停转

续表

程序段号	程序内容	说　明
N230	M00；	程序暂停
N240	M03S400；	主轴正转转速 400r/min
N250	T0202；	调用车槽刀
N260	X32.0Z-20.0；	快速进刀点
N270	G01X26.0 F0.1;；	车槽慢速
N280	X32.0；	退刀
N290	G00X100.0Z100.0；	快速退刀
N300	M05；	主轴停转
N310	M00；	程序暂停
N320	M03S400；	主轴正转转速 400r/min
N330	T0303；	调用螺纹车刀
N340	X35.0Z6.0；	螺纹车削循环点
N350	G92X31.0Z-18.0R-7.5F1.5；	螺纹车削第一刀
N360	X30.5；	螺纹车削第二刀
N370	X29.5；	螺纹车削第三刀
N380	X29.3；	螺纹车削第四刀
N390	X29.3；	螺纹车削第五刀
N400	G00X100.0Z100.0；	快速退刀
N410	M30；	程序结束
N420	%	程序结束符

注意

1）确定循环点。

2）确定退刀点、螺距和R值；进刀点与退刀点在X方向的垂直距离为负值。

任务2　加工工件

加工工件的步骤如下。

1）开启机床。

2）安装刀具和毛坯。

3）将车削右边的粗加工程序输入。

4）对刀。

5）设置刀补。

6）点击循环启动，自动加工工件。

7）加工完毕后，测量工件尺寸与实际尺寸的差值，然后在刀具磨损中修改差值。

8）将车削右边的精加工程序输入。

9）点击循环启动，进行精加工。

10）重复第 6）～9）步骤，直至工件尺寸合格为止。

11）输入车削右边车槽加工程序。

12）设置刀补。

13）点击循环启动，自动加工工件。

14）加工完毕后，测量工件尺寸与实际尺寸的差值，然后在刀具磨损中修改差值。

15）点击循环启动，进行精加工。

16）输入车削右边螺纹的粗加工程序。

17）设置刀补。

18）点击循环启动，自动加工工件。

19）加工完毕后，测量工件尺寸与实际尺寸的差值，然后在刀具磨损中修改差值。

20）输入车削螺纹的精加工程序。

21）点击循环启动，进行精加工。

22）重复第 18）～22）步骤，直至工件尺寸合格为止。

23）加工完毕，卸下工件，打扫机床卫生。

任务 3　G92 指令格式及运用

1. 指令格式

G92 指令为圆锥螺纹加工指令，其格式如下：

```
G92 X(U)-Z(W)- I(R)-F;
```

其中，X、Z 为螺纹终点的绝对坐标，单位为 mm。

U、W 为螺纹终点的相对坐标，单位为 mm。

F 为螺纹的导程，单位为 mm。

I（R）为圆锥螺纹进刀点与退刀点在 X 方向的垂直距离，单位为 mm。其值的正负判断如下：圆锥螺纹的退刀点半径大于进刀点半径时 I（R）为负值；圆锥螺纹的退刀点半径小于进刀点半径时 I（R）为正值。

2. I（R）图示

图 4.13 所示为 I（R）的几何表示。

循环路径中①为循环点位置，②为进刀点位置，③为退刀点位置，④为退到循环点 X 位置，①→②、③→④、④→①均为快速退刀。

3. I（R）计算

图 4.14 所示为一个圆锥螺纹工件尺寸。根据三角形相似对应边成比例，进刀点 A 点的 X 轴直径计算如下。

$$X_A = \text{圆锥小端直径} - \delta_1 \times (\text{圆锥大端直径} - \text{圆锥小端直径}) / \text{圆锥长}$$
$$= 20 - 5 \times (30 - 20) / 16 = 16.875(\text{mm})$$

即 A 点坐标为（16.875，5.0）。

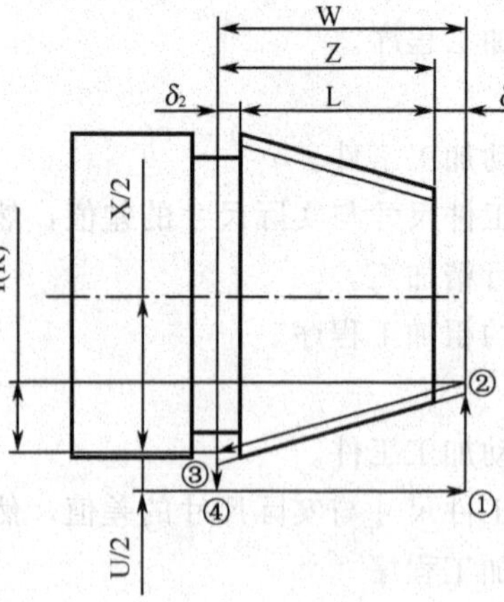

图 4.13 I（R）的几何表示

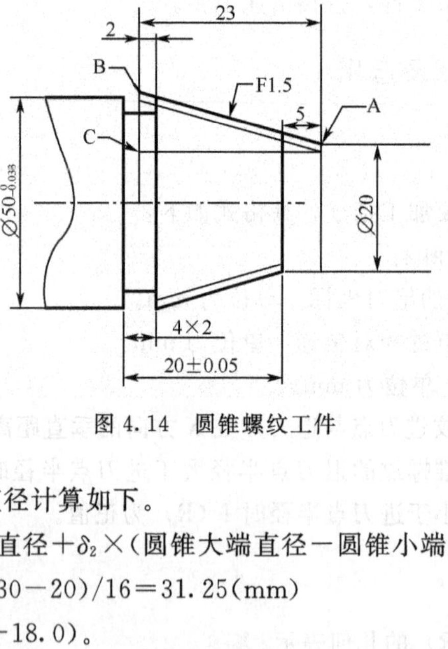

图 4.14 圆锥螺纹工件

退刀点 B 点的 X 轴直径计算如下。

$$X_B = 圆锥大端直径 + \delta_2 \times (圆锥大端直径 - 圆锥小端直径)/圆锥长$$
$$= 30 + 2 \times (30 - 20)/16 = 31.25(\text{mm})$$

即 B 点坐标为（31.25，－18.0）。

R 值为

$$R = X_A/2 - X_B/2 = 16.875/2 - 31.25/2 = -7.18(\text{mm})$$

4. 加工圆锥螺纹时的注意事项

1）正确计算出圆锥螺纹加工的开始点。
2）正确计算出圆锥螺纹加工的 R 值。
3）正确确定 R 值正负号。
4）加工圆锥螺纹时是以螺纹的大端直径编写的。
5）加工圆锥螺纹时螺纹的车深为 1.3×P。

任务 4 评价并总结

请你对照评分表 4.12 和自己加工的工件，给自己一个正确的评价，并找出你在学习过程中遇到的问题及解决方法，认真总结。

表 4.12 自我鉴定表

鉴定项目及标准	配 分	自 检	结 果	得 分	备 注
用试切法对刀	10				
$\varnothing 40_{-0.033}^{0}$	15				
$\varnothing 30_{-0.033}^{0}$	15				
C2	10				
∅26	5				
10	5				
4	5				
20	5				
F1.5 锥度螺纹	5				
62±0.05	15				
精度检验及误差分析	10				
总结					

■ 项目五 圆锥螺纹的内螺纹加工 ■

仔细分析如图 4.15 所示的图纸，根据表 4.13 中给定的工具和毛坯，编写出最合理的程序，加工出合要求的工件。

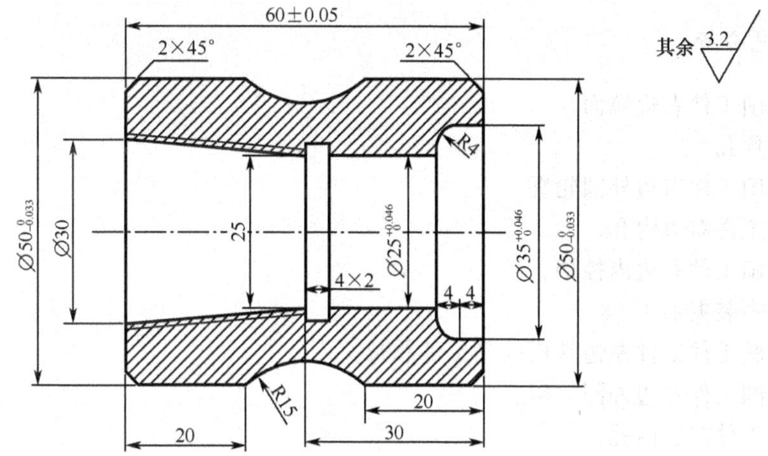

图 4.15 加工圆锥螺纹的内螺纹

表 4.13　工/量具准备通知单

分　类	名　称	尺寸规格	数　量	备　注
材料	塑料	∅60×65	1 根	
刀具	90°外圆车刀(T01)	20mm	1 把	
	93°外圆车刀(T02)	4mm	1 把	
	镗孔车刀(T03)	20mm	1 把	
	内孔切槽刀(T04)	20mm	1 把	
	内孔螺纹刀(T05)	20mm	1 把	
工具	锉刀		1 套	修理工件
	铜片		若干	
	夹紧工具		1 套	
	刷子		1 把	
	油壶		1 把	
	清洗油		若干	
量具	0～150mm 游标卡尺		1 把	
	0～25mm 外径千分尺		1 把	
	25～50mm 外径千分尺		1 把	
其他	草稿纸		适量	
	计算器			
	工作服			
	护目镜			

任　务

任务 1　编写程序

1. 工艺分析

1）车削工件右边端面。
2）打预孔。
3）车削工件右边外圆轮廓。
4）镗工件右边内孔。
5）车削工件右边内控槽。
6）掉头装夹加工。
7）车断工件工件左边端面控制工件总长。
8）车削工件左边外圆轮廓。
9）镗工件左边内孔。
10）车削工件左边螺纹。

2. 编写程序

编制程序请参阅表 4.14 和表 4.15 及其说明。

表 4.14 车削右边外轮廓程序

程序段号	程序内容	说　明
N10	%	程序开始符
N20	O0001;	程序号
N30	T0202;	调用 93°外圆车刀
N40	G97G99M03S800;	主轴正转,转速 800r/min
N50	G00X62.0Z2.0;	快速进给至加工起始点
N60	G73U10R8;	外圆粗加工循环
N70	G73P80Q120U0.5W0.02F0.15;	外圆粗加工循环
N80	G01X42.0;	循环的开始点 X 方向
N90	X50.0Z-2.0;	车削 C2 倒角
N100	Z-20.0;	车削∅50 的外圆
N110	G02X50.0Z-40.0R15.0	走 R15 的圆弧
N120	G01X62.0;.	循环的结束点
N130	G00X100.0Z100.0;	快速退刀
N140	M05;	主轴停止
N150	M00;	程序暂停
N160	M03S1000;	主轴正转,转速 1000r/min
N170	T0202;	调用 T02 外圆车刀
N180	G00X62.0Z2.0	循环的开始点
N190	G70P80Q120U0W0F0.1;	外圆精加工循环
N200	G00X100.0Z100.0;	快速退刀
N210	M05;	主轴停转
N220	M00;	程序暂停
N230	T0303;	调用 T03 镗孔刀
N240	M03S800;	主轴正转,转速 800r/min
N250	G00X16.0Z2.0;	快速到循环的点
N260	G71U1.5R0.5;	内孔粗加工循环
N270	G71P280Q330U-0.5W0.02F0.15;	内孔粗加工循环
N280	G01X35.0;	车削 C2 倒角
N290	Z-4.0;	车削∅35 的内孔
N300	G03X27.0Z-8.0R4.0	车削 R4 的圆弧
N310	G01X25.0;	车削端面∅25
N320	Z-28.0;	镗孔∅25
N330	X16.0	循环的结束点
N340	G00X100.0Z100.0;	快速退刀
N350	M05;	主轴停止

续表

程序段号	程序内容	说　明
N360	M00；	程序暂停
N370	M03S1000；	主轴正转，转速 1000r/min
N380	T0303；	调用 T03 镗孔刀
N390	G00X16.0Z2.0；	循环的开始点
N400	G70P280Q330U0W0F0.1；	镗孔精加工循环
N410	G00X100.0Z100.0；	快速退刀
N420	M05；	主轴停转
N430	M00；	程序暂停
N440	M03S400；	主轴正转，转速 400r/min
N450	T0404；	调用 T04 内槽刀
N460	G00X16.0Z2.0；	进刀点
N470	G01Z-30.0F0.3；	车槽的下刀点
N480	X29.0F0.1；	车槽
N490	G01X16.0F0.3；	车槽退刀
N500	Z5.0；	车槽退刀
N510	G00X100.0Z100.0；	快速退刀
N520	M30；	程序结束
N530	%	程序结束符

表 4.15　车削左边轮廓程序

程序段号	程序内容	说　明
N10	%	程序开始符
N20	O0002；	程序号
N30	T0101；	调用 90°外圆车刀
N40	G97G99G40M03S800	主轴正转，转速 800r/min
N50	G00X62.0Z2.0；	快速进给至加工起始点
N60	G71U1.5R0.5；	外轮廓粗加工循环
N70	G71P80Q110U0.5W0.02F0.2；	外轮廓粗加工循环
N80	N10G01X42.0；	循环的开始点 X 方向
N90	X50.0Z-2.0；	车削 C2 倒角
N100	Z-30.0	车外圆∅50
N110	X62.0；	循环结束点
N120	G00X100.0Z100.0；	快速退刀
N130	M05；	主轴停止
N140	M00；	程序暂停
N150	M03S1000；	主轴正转，转速 1000r/min
N160	T0101；	调用 T01 号 90°刀

续表

程序段号	程序内容	说明
N170	G00X62.0Z2.0;	循环的开始点
N180	G70P80Q110U0W0F0.2;	外圆精加工循环
N190	G00X100.0Z100.0;	快速退刀
N200	M05;	主轴停转
N210	M00;	程序暂停
N220	M03S400;	主轴正转，转速 400r/min
N230	T0303;	调用 T03 镗孔刀
N240	G00X16.0Z5.0;	快速到循环的点
N250	G71U1.5R0.5	内孔粗加工循环
N260	G71P270Q290U-0.5W0.02F0.15	内孔粗加工循环
N270	X30.84;	车削∅30 的内孔
N280	X24.33Z-30.0;	内锥
N290	X16.0;	循环结束点
N300	G00X100.0Z100.0;	快速退刀
N310	M05;	主轴停止
N320	M00;	程序暂停
N330	M03S1000;	主轴正转，转速 1000r/min
N360	T0303;	调用 T03 镗孔刀
N370	G00X16.0Z2.0;	循环的开始点
N380	G70P270Q290U0W0F0.1;	镗孔精加工循环
N390	G00X100.0Z100.0;	快速退刀
N400	M05;	主轴停止
N410	M00;	程序暂停
N420	M03S400;	主轴正转转速 400r/min
N430	T0505;	调用螺纹 T05 车刀
N440	X35.0Z6.0;	螺纹车削循环点
N450	G92X30.84Z-32.0R3.26F1.5;	螺纹车削第一刀
N460	X31.1;	螺纹车削第二刀
N470	X31.6;	螺纹车削第三刀
N480	X32.1;	螺纹车削第四刀
N490	X32.69;	螺纹车削第五刀
N500	X32.79;	螺纹车削第六刀
N510	X32.79;	螺纹车削第七刀
N520	G00X100.0Z100.0;	快速退刀
N530	M30;	程序结束
N540	%	程序结束符

注意

1）确定循环点。

2）确定退刀点、螺距和R值。

任务2　加工工件

加工工件的步骤如下。

1）开启机床。

2）安装刀具和毛坯。

3）将车削右边的粗加工程序输入。

4）对刀。

5）设置刀补。

6）点击循环启动，自动加工工件。

7）加工完毕后，测量工件尺寸与实际尺寸的差值，然后在刀具磨损中修改差值。

8）将车削左边的精加工程序输入。

9）点击循环启动，进行精加工。

10）重复第7）～9）步骤，直至工件尺寸合格为止。

11）输入加工内孔的程序。

12）设置刀补。

13）点击循环启动，自动加工工件。

14）加工完毕后，测量工件尺寸与实际尺寸的差值，然后在刀具磨损中修改差值，继续运行加工内孔的程序，直至内孔的尺寸合格为止。

15）输入加工槽的程序。

16）点击循环启动，自动加工工件。

17）加工完毕后，测量工件尺寸与实际尺寸的差值，然后在刀具磨损中修改差值，继续运行加工槽的程序，直至槽的尺寸合格为止。

18）掉头，夹住工件∅50外圆处。

19）输入车削左边外圆的粗加工程序。

20）对刀。

21）设置刀补。

22）点击循环启动，自动加工工件。

23）加工完毕后，测量工件尺寸与实际尺寸的差值，然后在刀具磨损中修改差值。

24）将车削左边外圆的精加工程序输入。

25）点击循环启动，进行精加工。

26）重复第23）～25）步骤，直至工件尺寸合格为止。

27）输入加工内孔的程序。

28）设置刀补。

29）点击循环启动，自动加工工件。

30）加工完毕后，测量工件尺寸与实际尺寸的差值，然后在刀具磨损中修改差值，继续运行加工内孔的程序，直至内孔的尺寸合格为止。

31）输入加工螺纹的程序。

32）设置刀补。

33）点击循环启动，自动加工工件。

34）加工完毕后，测量工件尺寸与实际尺寸的差值，然后在刀具磨损中修改差值，继续运行加工螺纹的程序，直至螺纹的尺寸合格为止。

35）加工完毕，卸下工件，打扫机床卫生。

任务3 评价并总结

请你对照评分表4.16和自己加工的工件，给自己一个正确的评价，并找出你在学习过程中遇到的问题及解决方法，认真总结。

表4.16 自我鉴定表

鉴定项目及标准	配 分	自 检	结 果	得 分	备 注
用试切法对刀	5				
两处$\varnothing 50_{-0.039}^{0}$	10				
$\varnothing 35_{0}^{+0.046}$	10				
C2二处	6				
$\varnothing 25_{0}^{+0.046}$	10				
R15	5				
R4	5				
20(二处)、30(一处)	10				
∅29	5				
4	5				
内锥螺纹	10				
60±0.05	9				
精度检验及误差分析	10				
总结					

模块五

数控车中级工考工实训

本模块综合运用前面讲述过的内容，从简单到复杂依次举例，从程序的编写到工件的加工步骤详细介绍，其中有个别实例超出中级工要求，但考虑到时代的快速发展和企业生产对这方面的要求而添加这些内容。

知识目标

- 掌握综合件编程技巧。
- 掌握 G71、G73 等固定循环指令的灵活运用。

技能目标

- 掌握一般轴类零件球头的加工方法。
- 掌握螺纹的加工方法及测量方法。
- 能按技术要求完成零件的加工，保证零件的尺寸精度及形位精度。

■ 项目一 一般轴类及外螺纹的加工 ■

☞**技能要求**

- 掌握一般轴类零件球头的加工方法。
- 掌握螺纹的加工方法及测量方法。
- 能按技术要求完成零件的加工，保证零件的尺寸精度及形位精度。

仔细分析如图 5.1 所示的图纸，根据表 5.1 中给定的工具和毛坯，编写出最合理的程序，加工出合要求的工件。

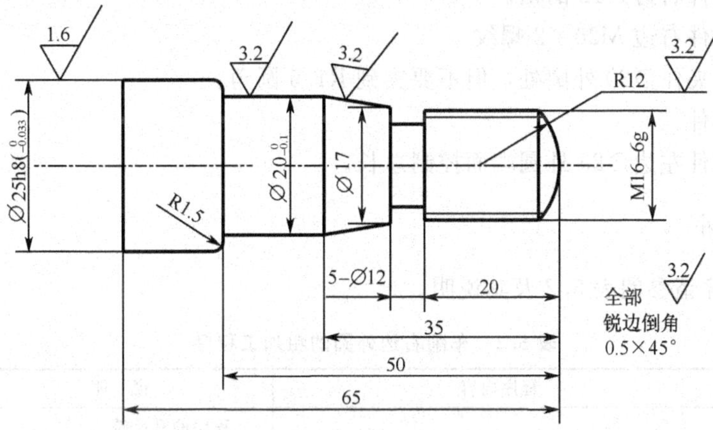

图 5.1 加工外螺纹工件

表 5.1 工/量具准备通知单

分 类	名 称	尺寸规格	数 量	备 注
材料	45＃钢	Ø30×90	1 根	
刀具	93°外圆车刀（T01）	4mm	1 把	夹固式车刀
	切槽刀（T02）	20mm	1 把	
	螺纹车刀（T03）	20mm	1 把	
工具	锉刀		1 套	修理工件
	铜片		若干	
	夹紧工具		1 套	
	刷子		1 把	
	油壶		1 把	
	清洗油		若干	
量具	0～150mm 游标卡尺		1 把	
	0～25mm 外径千分尺		1 把	
其他	草稿纸		适量	
	计算器			
	工作服			
	护目镜			

任务

任务 1　编写程序

1. 工艺分析

1）车削工件右边端面。
2）车削工件右边∅25 外圆和 R1.5 圆角。
3）车削工件右边∅20 外圆和锥度。
4）车削工件右边 R12 的圆弧面。
5）车削工件右边∅12 的槽。
6）车削工件右边 M20×2 螺纹。
7）掉头，夹住∅20 外圆处，但不要夹到 R1.5 圆角。
8）车断工件。
9）车削工件左边∅25 外圆端面控制总长。

2. 编制程序

编制的程序请参阅表 5.2 及其说明。

表 5.2　车削右边外圆的粗加工程序

程序段号	程序内容	说　明
N10	%	程序的开始符
N20	O0001；	程序号
N30	T0101；	调用 T01 号 90°外圆车刀
N40	G97G99G40M03S800	主轴正转，转速 800r/min 取消刀补
N50	G00X32.0Z5.0；	快速进给至加工起始点
N60	G71U1.0R1.0；	外圆粗加工循环
N70	G71P80Q170U0.5W0.02F0.2；	外圆粗加工循环
N80	G01X0；	X 进刀点
N90	Z0；	Z 进刀点
N100	G03X16.0Z-3.06R12.0；	车削 SR12 球面
N110	G01Z-25.0；	车削∅12 外圆
N120	X17.0；	台阶
N130	X20.0Z-35.0；	车锥度
N140	Z-50.0；	车∅20 外圆
N150	X22.0；	车台阶
N160	G03X25.0Z-51.5R1.5；	车削 R2 倒角
N170	G01Z-65.0；	循环结束点
N190	G00X100.0Z100.0；	快速退刀

续表

程序段号	程序内容	说　明
N200	M05；	主轴停转
N210	M03S1000；	主轴正转转速 800r/min
N220	T0101；	调用 93°外圆车刀
N230	G00X32.0Z5.0；	快速定位到循环点位置
N240	G70P80Q170U0W0F0.1；	外圆精加工循环
N250	G00X100.0Z100.0；	快速退刀
N260	M05；	主轴停转
N270	M00；	主轴暂停
N280	M03S400；	主轴正转转速 400r/min
N290	T0202；	调用 T02 号车槽度外圆车刀
N300	G00X20.0Z-25.0；	快速定位
N310	G01X12.0F0.1；	车槽慢进
N320	X20.0F0.3；	车槽快退 X 方向
N330	Z-24.0；	车槽快退 Z 方向
N340	X12.0F0.1；	车槽慢进
N350	X20.0F0.3；	车槽快退 X 方向
N360	G00X100.0Z100.0；	快速退刀
N370	M05；	主轴停转
N380	M00；	主轴暂停
N390	M03S500；	主轴正转转速 500r/min
N400	T0303；	调用螺纹车刀
N410	G00X20.0Z0；	车螺纹循环点
N420	G92X15.5Z-21.0F1.5；	螺纹加工第一刀
N430	X15.0；	螺纹加工第二刀
N440	X14.5；	螺纹加工第三刀
N450	X14.05；	螺纹加工第四刀
N460	X14.05；	螺纹加工第五刀
N470	G00X100.0Z100.0；	快速退刀
N480	M05；	主轴停转
N490	M30；	程序结束
N500	%	程序结束符

思考

1）车削槽时为什么要车两刀？

2）车削螺纹时刀具为什么要走到螺纹部分的外面？

任务 2 加工工件

加工工件的步骤如下。

1）开启机床。

2）安装刀具和毛坯。

3）将车削右边的粗加工程序输入。

4）对刀。

5）设置刀补。

6）点击循环启动，自动加工工件。

7）加工完毕后，测量工件尺寸与实际尺寸的差值，然后在刀具磨损中修改差值。

8）将车削右边的精加工程序输入。

9）点击循环启动，进行精加工。

10）重复第 7）～9）步骤，直至工件尺寸合格为止。

11）输入加工槽的程序。

12）点击循环启动，自动加工工件。

13）加工完毕后，测量工件尺寸与实际尺寸的差值，然后在刀具磨损中修改差值，继续运行加工槽的程序，直至槽的尺寸合格为止。

14）输入加工螺纹的程序。

15）设置刀补。

16）点击循环启动，自动加工工件。

17）加工完毕后，测量工件尺寸与实际尺寸的差值，然后在刀具磨损中修改差值，继续运行加工螺纹的程序，直至螺纹的尺寸合格为止。

18）车断工件。

19）掉头，夹住工件∅20 外圆处，但不要夹到 R1.5 处。

20）用手动法车削端面并控制工件总长。

21）对刀。

22）加工完毕，卸下工件，打扫机床卫生。

任务 3 评价并总结

请你对照评分表 5.3 和自己加工的工件，给自己一个正确的评价，并找出你在学习过程中遇到的问题及解决方法，认真总结。

表 5.3 自我鉴定表

鉴定项目及标准	配 分	自 检	结 果	得 分	备 注
用试切法对刀	5				
$\varnothing 20_{-0.033}^{0}$	10				
$\varnothing 25_{-0.033}^{0}$	10				
R1.5	5				
∅17 锥度	5				

续表

鉴定项目及标准	配 分	自 检	结 果	得 分	备 注
R12 圆弧面	5				
锐边倒角	5				
50	10				
∅12 槽	5				
35 总长	10				
5 槽宽	5				
M16×1.5	10				
60±0.15	5				
精度检验及误差分析	10				
总结					

■ 项目二 一般球头轴及外螺纹的加工 ■

☞技能要求

- 掌握一般轴类零件螺纹及凹圆弧的加工方法。
- 正确选择工件的装夹方法及刀具的选择。
- 正确利用工具保证相关尺寸和公差要求。

仔细分析如图 5.2 所示的图纸，根据表 5.4 中给定的工具和毛坯，编写出最合理的

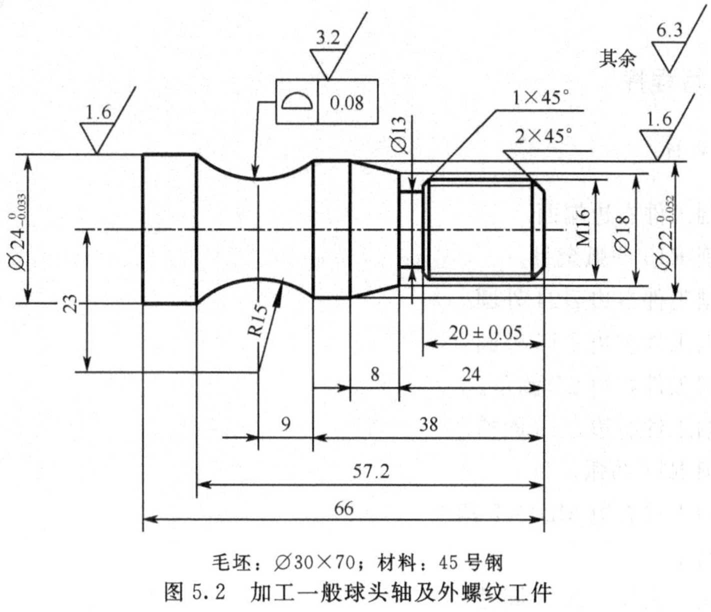

毛坯：∅30×70；材料：45 号钢

图 5.2 加工一般球头轴及外螺纹工件

程序，加工出合要求的工件。

表 5.4　工/量具准备通知单

分类	名称	尺寸规格	数量	备注
材料	45＃钢	ϕ30×70	1根	
刀具	切槽刀	4mm	1把	夹固式车刀
	93°外圆车刀	20mm	1把	
	90°外圆车刀	20mm	1把	
	螺纹刀车刀	20mm		
工具	锉刀		1套	修理工件
	铜片		若干	
	夹紧工具		1套	
	刷子		1把	
	油壶		1把	
	清洗油		若干	
量具	0～150mm 游标卡尺		1把	
	0～25mm 外径千分尺		1把	
其他	草稿纸		适量	
	计算器			
	工作服			
	护目镜			

◀◀◀ 任 务

任务1　编写程序

1. 工艺分析

1）车削工件右边端面。
2）车削 R15 凹弧余量。
3）车削工件右边∅24 外圆。
4）车削工件右边∅16 外圆。
5）车削工件右边 C2 倒角。
6）车削工件右边∅13 的槽。
7）车削 R15 凹弧。
8）车削工件右边 M20×2 螺纹。
9）车断工件。
10）掉头，夹住∅24 外圆处。

11）车削工件左端面。

2. 编写程序

编制程序请参阅表 5.5、表 5.6 及其说明。

表 5.5 车削左边 R15 圆弧面粗加工程序

程序段号	程序内容	说明
N10	%	程序开始符
N20	O0001；	程序号
N30	T0101；	调用 93°外圆车刀
N40	G97G99G40M03S800	主轴正转，转速 800r/min
N50	G00X32.0Z5.0；	快速进给至加工起始点
N60	G73U7R7；	G73 车削 R15 凹弧
N70	G73P80Q110U0.5W0.02F0.3；	G73 车削 R15 凹弧
N80	G01X24.0；	循环的开始点 Z 向
N90	Z-8.8；	循环的开始点 X 向
N100	G02X24.0Z-28.0R15.0；	车削 R15 凹弧
N110	G01Z-35.0；	循环结束点
N120	G00X100.0Z100.0；	快速退刀
N130	M05；	主轴停止
N140	M00；	主轴暂停
N150	M03S1000；	主轴正转，转速 1000r/min
N160	T0101；	调用 93°外圆车刀
N170	G00X32.0Z5.0；	快速进给至加工起始点
N190	G70P80Q110U0W0F0.2；	精加工凹弧循环
N200	G00X100.0Z100.0；	快速退刀
N210	M30；	程序结束
N220	%	程序结束符

表 5.6 车削左边工件轮廓加工程序

程序段号	程序内容	说明
N10	%	程序开始符
N20	O0002	程序号
N30	T0101；	调用 T01 号刀
N40	G97G99G40M03S800	主轴正转，转速 800r/min
N50	G00X32.0Z5.0；	快速进给至加工起始点
N60	G71U2.0R1.0；	外圆粗加工循环
N70	G71P80Q130U0.5W0.02F0.3	外圆粗加工循环
N80	G01X12.0；	循环开始点 X
N90	Z0；	循环开始点 Z
N100	X15.8Z-2.0；	锥度 C2
N110	Z-24.0；	外圆∅15.8

续表

程序段号	程序内容	说明
N120	X18.0;	∅18 的端面
N130	X22.0Z-32.0;	循环结束点
N140	G00X100.0Z100.0;	快速退刀
N150	M05;	主轴停转
N160	M00;	程序暂停
N170	M03S1000;	主轴正转，转速 1000r/min
N190	T0101;	调用 90°外圆车刀
N200	G00X32.0Z5.0;	快速进给至加工起始点
N210	G70P80Q130U0W0F0.2;	精加工循环
N220	G00X100.0Z100.0	快速退刀
N230	M05;	主轴停转
N240	M00;	程序暂停
N250	T0202;	调用车槽刀
N260	G00X20.0Z-24.0;	快速进给至加工起始点
N270	G01X13.0F0.1;	车槽慢进
N280	X20.0F0.3;	车槽快退 X 方向
N290	Z-23.0;	车槽快退 Z 方向
N300	X16.0;	车槽慢进
N310	X14.0Z-24.0F0.1;	车槽慢车倒角
N320	X20.0F0.3;	车槽快退 X 方向
N330	Z-23.0;	车槽快退 Z 方向
N340	X16.0;	车槽快退 X 方向
N350	X14.0Z-24.0F0.1;	车槽慢车倒角
N360	X20.0F0.3;	车槽快退 X 方向
N370	G00X100.0Z100.0;	快速退刀
N380	M05;	主轴停转
N390	M00;	程序暂停
N400	M03S500	主轴正转，转速 500r/min
N410	T0303;	调用螺纹车刀
N420	G00X20.0Z5.0;	快速进给至加工起始点
N430	G92X15.5Z-21.0F1.5;	螺纹加工第一刀
N440	X15.0;	螺纹加工第二刀
N450	X14.5;	螺纹加工第三刀
N460	X14.05;	螺纹加工第四刀
N470	X14.05;	螺纹加工第五刀
N480	G00X100.0Z100.0;	快速退刀
N490	M05	主轴停转
N500	M30;	程序结束
N510	%	程序结束符

1）车削时为什么要先去除凹弧余量？

2）车削凹弧时为什么要选择 G73 加工？

任务 2 加工工件

1）开启机床。

2）安装刀具和毛坯。

3）输入车削左边外圆的粗加工程序。

4）对刀。

5）设置刀补。

6）点击循环启动，自动加工工件。

7）加工完毕后，测量工件尺寸与实际尺寸的差值，然后在刀具磨损中修改差值。

8）将车削左边外圆的精加工程序输入。

9）将车削右边的粗加工程序输入。

10）对刀。

11）设置刀补。

12）点击循环启动，自动加工工件。

13）加工完毕后，测量工件尺寸与实际尺寸的差值，然后在刀具磨损中修改差值。

14）将车削右边的精加工程序输入。

15）点击循环启动，进行精加工。

16）重复第 7）～9）步骤，直至工件尺寸合格为止。

17）输入加工槽的程序。

18）点击循环启动，自动加工工件。

19）加工完毕后，测量工件尺寸与实际尺寸的差值，然后在刀具磨损中修改差值，继续运行加工槽的程序，直至槽的尺寸合格为止。

20）输入加工螺纹的程序。

21）设置刀补。

22）点击循环启动，自动加工工件。

23）加工完毕后，测量工件尺寸与实际尺寸的差值，然后在刀具磨损中修改差值，继续运行加工螺纹的程序，直至螺纹的尺寸合格为止。

24）掉头，夹住工件∅25 外圆处，但不要夹到 R2.5 处。

25）点击循环启动，进行精加工。

26）重复第 23）～25）步骤，直至工件尺寸合格为止。

27）加工完毕，卸下工件，打扫机床卫生。

任务 3 评价并总结

请你对照评分表 5.7 和自己加工的工件，给自己一个正确的评价，并找出在学习过程中遇到的问题及解决方法，认真总结。

表 5.7 自我鉴定表

鉴定项目及标准	配 分	自检	结 果	得 分	备 注
用试切法对刀	5				
$\varnothing 24_{-0.033}^{0}$	10				
$\varnothing 22_{-0.033}^{0}$	10				
C2	5				
C1.5	5				
R15	5				
锥度	5				
∅13	10				
12	5				
20±0.05	10				
4	5				
M16×1.5	10				
65±0.15	5				
精度检验及误差分析	10				
总结					

■ 项目三 多槽轴类零件及凹圆弧面的加工 ■

☞技能要求

- 掌握多槽的轴类零件的一般加工方法。
- 掌握零件倒角和倒圆、球头以及凹圆弧的加工方法。

仔细分析如图 5.3 所示的图纸，根据表 5.8 中给定的工具和毛坯，编写出最合理的程序，加工出合要求的工件。

表 5.8 工/量具准备通知单

分 类	名 称	尺寸规格	数 量	备 注
材料	45#号钢	∅30×70	1根	
刀具	90°外圆车刀（T01）	4mm	1把	夹固式车刀
	切槽刀（T02）	20mm	1把	
	93°外圆车刀（T03）	20mm	1把	

续表

分　类	名　称	尺寸规格	数　量	备　注
工具	工具	锉刀	1套	修理工件
	铜片		若干	
	夹紧工具		1套	
	刷子		1把	
	油壶		1把	
	清洗油		若干	
量具	0～150mm 游标卡尺		1把	
	0～25mm 外径千分尺		1把	
其他	草稿纸		适量	
	计算器			
	工作服			
	护目镜			

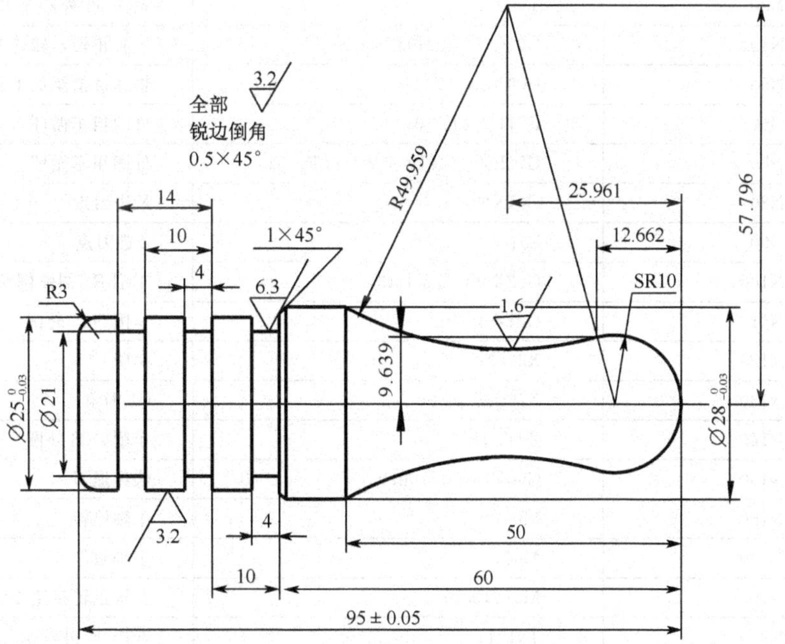

毛坯：∅30×100；材料：45#钢

图 5.3　加工多槽轴类零件及凹圆弧面

任务 1　编写程序

1. 工艺分析

1）车削工件左边端面。

2）车削工件左边∅25外圆和R3.5圆角。
3）车削工件左边∅28外圆和一个C1倒角。
4）车削工件左边三条槽。
5）掉头，夹住∅25外圆处，但不要夹到C1倒角。
6）加工SR10的圆弧面。
7）加工SR49.959的圆弧面。
8）控制工件总长。
9）控制工件圆弧面长50。

2. 编写程序

编制程序请参阅表5.9、表5.10及其说明。

表5.9 车削右边的加工程序

程序段号	程序内容	说明
N10	%	程序开始符
N20	O0001	程序号
N30	T0101；	调用90°外圆车刀
N40	G97G99G40M03S800	主轴正转，转速800r/min
N50	G00X32.0Z5.0；	快速进给至加工起始点
N60	G71U2.0R1.0；	外圆粗车循环
N70	G71P80Q140U0.5W0.02F0.3；	外圆粗车循环
N80	G01X19.0；	X进刀点
N90	Z0；	Z进刀点
N100	G03X25.0Z-3.0R3.0；	车削R3圆弧倒角
N110	G01Z-35.0；	车削∅25外圆
N120	X26.0；	台阶
N130	X28.0Z-36.0；	C1倒角
N140	Z-50.0；	车削∅28外圆
N150	G00X100.0Z100.0	快速退刀
N160	M05；	主轴停转
N170	M00；	主轴暂停
N190	M03S1000；	主轴正转转速1000r/min
N200	T0101；	调用90°外圆车刀
N210	G00X32.0Z5.0；	快速进给至加工起始点
N220	G70P80Q140F0.2；	外圆精车循环
N230	G00X100.0Z100.0；	快速退刀
N240	M05；	主轴停转
N250	M00；	程序暂停
N260	M03S400；	主轴正转转速400r/min
N270	T0202；	调用切槽刀

续表

程序段号	程序内容	说　明
N280	G00X27.0Z-35.0；	快速进给至加工起始点
N290	G01X21.0F0.1；	车槽慢进
N300	X27.0F0.3；	车槽快退 X 方向
N310	Z-25.0；	车槽快退 Z 方向
N320	X21.0F0.1；	车槽慢进
N330	X27.0F0.3；	车槽快退 X 方向
N340	Z-15.0；	快速退刀
N350	X21.0F0.1；	车槽慢进
N360	X27.0F0.3；	车槽快退 X 方向
N370	G00X100.0Z100.0；	快速退刀
N380	M30；	程序结束
N390	%	程序结束符

表 5.10　车削右边的加工程序

程序段号	程序内容	说　明
N10	%	程序开始符
N20	O0002	程序号
N30	T0303；	调用 93°外圆车刀
N40	G97G99G40M03S800	主轴正转，转速 800r/min
N50	G00X32.0Z5.0；	快速进给至加工起始点
N60	G73U15.0R15.0；	外圆粗车循环
N70	G73P80Q110U0.5W0.02F0.3；	外圆粗车循环
N80	N10G01X0；	X 进刀点
N90	Z0；	Z 进刀点
N100	G03X19.278Z-12.662R10.0；	车削 SR10 圆弧面
N110	G02X28.0Z-50.0R49.959；	车削 SR49.959 圆弧面
N120	G00X100.0Z100.0；	快速退刀
N130	M05；	主轴停转
N140	M00；	程序暂停
N150	M03S1000；	主轴正转转速 400r/min
N160	T0303；	调用 93°外圆车刀
N170	G00X32.0Z5.0；	循环点
N190	M03S1000；	主轴正转转速 1000r/min
N200	G00X32.0Z5.0；	循环点
N210	G70P80Q110U0W0F0.2；	精加工
N220	G00X100.0Z100.0；	快速退刀
N230	M05；	主轴停转
N240	M30；	程序结束
N250	%	程序结束符

思考

1）车槽时可否用调用子程序？

2）车削圆弧面轮廓时怎样运用 G73 循环指令？

任务 2　加工工件

加工工件步骤如下。

1）开启机床。

2）安装刀具和毛坯。

3）将车削左边的粗加工程序输入。

4）对刀。

5）设置刀补。

6）点击循环启动，自动加工工件。

7）加工完毕后，测量工件尺寸与实际尺寸的差值，然后在刀具磨损中修改差值。

8）将车削左边的精加工程序输入。

9）点击循环启动，进行精加工。

10）重复第 7）～9）步骤，直至工件尺寸合格为止。

11）输入加工槽的程序。

12）点击循环启动，自动加工工件。

13）加工完毕后，测量工件尺寸与实际尺寸的差值，然后在刀具磨损中修改差值，继续运行加工槽的程序，直至槽的尺寸合格为止。

14）掉头，夹住工件∅25 外圆处，但不要夹到 C1 处。

15）输入车削右边外圆的粗加工程序。

16）对刀。

17）设置刀补。

18）点击循环启动，自动加工工件。

19）加工完毕后，测量工件尺寸与实际尺寸的差值，然后在刀具磨损中修改差值。

20）将车削左边外圆的精加工程序输入。

21）点击循环启动，进行精加工。

22）重复第 19）～21）步骤，直至工件尺寸合格为止。

23）加工完毕，卸下工件，打扫机床卫生。

任务 3　评价并总结

请你对照评分表 5.11 和自己加工的工件，给自己一个正确的评价，并找出在学习过程中遇到的问题及解决方法，认真总结。

表 5.11 自我鉴定表

鉴定项目及标准	配 分	自 检	结 果	得 分	备 注
用试切法对刀	5				
$\varnothing 28_{-0.033}^{0}$	10				
$\varnothing 25_{-0.033}^{0}$	10				
C1	5				
∅21（四处）	10				
R3（一处）	5				
SR10	5				
SR49.959	5				
50	5				
20±0.03	10				
4（三处）	15				
95±0.15	5				
精度检验及误差分析	10				
总结					

■ 项目四 多槽轴类零件及外螺纹的加工 ■

☞**技能要求**

- 掌握外锥面的编程及加工方法。
- 掌握凸圆弧的一般加工方法和工艺。
- 正确选择刀具、量具及保证形状、尺寸公差要求。

仔细分析如图 5.4 所示的图纸，根据表 5.12 中给定的工具和毛坯，编写出最合理的程序，加工出合要求的工件。

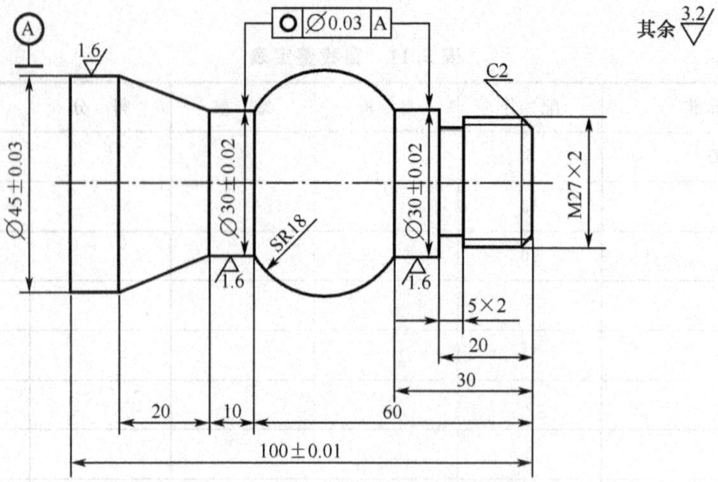

毛坯：Ø50×105；材料：45＃钢

图 5.4 加工多槽轴类零件及外螺纹工件

表 5.12 工/量具准备通知单

分 类	名 称	尺寸规格	数 量	备 注
材料	45＃钢	Ø50×105	1根	
刀具	93°外圆车刀（T01）	4mm	1把	夹固式车刀
	切槽刀（T02）	20mm	1把	
	螺纹刀（T03）	20mm	1把	
	90°外圆车刀	20mm	1把	
	中心钻	Ø10	1把	
工具	锉刀		1套	修理工件
	铜片		若干	
	夹紧工具		1套	
	刷子		1把	
	油壶		1把	
	清洗油		若干	
量具	0～150mm 游标卡尺		1把	
	0～25mm 外径千分尺		1把	
	25～50mm 外径千分尺		1把	
其他	草稿纸		适量	
	计算器			
	工作服			
	护目镜			

任务

任务 1　编写程序

1. 工艺分析

1）车削工件右边端面。
2）点中心孔。
3）掉头，车削工件左边端面并控制工件总长。
4）点中心孔。
5）装夹两顶尖。
6）粗车削工件整个轮廓。
7）精车削工件整个轮廓。
8）车削 5×2 的退刀槽。
9）车削工件右边∅16 的槽。

2. 编写程序

编制程序请参阅表 5.13 及其说明。

表 5.13　车削加工程序

程序段号	程序内容	说　明
N10	%	程序开始符
N20	O0001；	程序号
N30	T0101；	调用 93°外圆车刀
N40	G97G99G40M03S800	主轴正转，转速 800r/min
N50	G00X32.0Z5.0；	快速进给至加工起始点
N60	G73U13.5R13.0；	粗车轮廓循环
N70	G73P80Q170U0.5W0.02F0.3；	粗车轮廓循环
N80	G01X23.0；	轮廓 X 向的进刀点
N90	Z0；	轮廓 Z 向的进刀点
N100	X26.8Z—2.0；	车削 C2 倒角
N110	Z—20.0；	车削螺纹外轮廓
N120	X30.0；	车∅30 外圆
N130	Z—30.0；	车∅30 外圆
N140	G03X30.0Z—60.0R18.0；	车削 SR18 的球面
N150	G01Z—70.0；	车∅30 外圆
N160	X45.0Z—90.0；	车削锥度
N170	Z—100.0；	循环结束点
N190	G00X100.0Z100.0；	快速退刀

续表

程序段号	程序内容	说　明
N200	M05；	主轴停转
N210	M00；	主轴暂停
N220	M03S1000；	主轴正转，转速 1000r/min
N230	T0101；	调用 93°外圆车刀
N240	G00X52.0Z5.0；	精加工循环点
N250	G70P80Q170U0W0F0.2；	精加工循环
N260	G00X100.0Z100.0；	快速退刀
N270	M05；	主轴停转
N280	M00；	主轴暂停
N290	M03S400；	主轴正转，转速 400r/min
N300	T0202；	调用车槽刀
N310	G00X32.0Z－20.0；	快速移动到第一刀进刀点
N320	G01X23.0F0.1；	车槽慢速进刀
N330	X32.0F0.3；	车槽快速退刀
N340	Z－19.0；	快速移动到第二刀进刀点
N350	X23.0F0.1；	车槽慢速进刀
N360	X32.0F0.3；	车槽中速退刀
N370	G00X100.0Z100.0；	快速退刀
N380	M05；	主轴停转
N390	M00；	主轴暂停
N400	M03S500；	主轴正转，转速 500r/min
N410	T0303；	调用螺纹车刀
N420	G00X30.0Z5.0；	快速移动到车螺纹进刀点
N430	G92X26.5Z－16.0F2.0；	螺纹加工第一刀
N440	X26.0；	螺纹加工第二刀
N450	X25.5；	螺纹加工第三刀
N460	X25.0；	螺纹加工第四刀
N470	X24.5；	螺纹加工第五刀
N480	X24.4；	螺纹加工第六刀
N490	X24.4；	螺纹加工第七刀
N500	G00X100.0Z100.0；	快速退刀
N510	M05	主轴停转
N520	M30；	程序结束
N530	%	程序结束符

思考

1）车削螺纹时最后一刀为什么要空走一刀？

2）车削螺纹时刀具为什么要走到螺纹部分的外面？

任务2　加工工件

1）开启机床。

2）安装刀具和毛坯。

3）手动车削端面。

4）打中心孔。

5）掉头，手动车削端面并控制工件总长。

6）打中心孔。

7）装夹两顶尖。

8）将工件装夹在两顶尖上。

9）将工件的粗加工程序输入。

10）对刀。

11）设置刀补。

12）点击循环启动，自动加工工件。

13）加工完毕后，测量工件尺寸与实际尺寸的差值，然后在刀具磨损中修改差值。

14）将车削右边的精加工程序输入。

15）点击循环启动，进行精加工。

16）重复第13）～15）步骤，直至工件尺寸合格为止。

17）输入加工槽的程序。

18）点击循环启动，自动加工工件。

19）加工完毕后，测量工件尺寸与实际尺寸的差值，然后在刀具磨损中修改差值，继续运行加工槽的程序，直至槽的尺寸合格为止。

20）输入加工螺纹的程序。

21）设置刀补。

22）点击循环启动，自动加工工件。

23）加工完毕后，测量工件尺寸与实际尺寸的差值，然后在刀具磨损中修改差值，继续运行加工螺纹的程序，直至螺纹的尺寸合格为止。

24）加工完毕，卸下工件，打扫机床卫生。

任务3　评价并总结

请你对照评分表5.14和自己加工的工件，给自己一个正确的评价，并找出你在学习过程中遇到的问题及解决方法，认真总结。

表 5.14 自我鉴定表

鉴定项目及标准	配 分	自 检	结 果	得 分	备 注
用试切法对刀	5				
∅45±0.03	10				
∅30±0.02（两处）	10				
C2	5				
∅23	5				
R18	5				
两∅30±0.02 同轴度	10				
20	5				
30	5				
锥度	10				
5	5				
M27×2	10				
100±0.15	5				
精度检验及误差分析	10				
总结					

■ 项目五 外锥面凸圆弧镗孔的加工 ■

☞技能要求

- 掌握综合类轴的工艺的分析方法，编程、加工方法。
- 掌握小直径孔、锥面孔的加工。

仔细分析图 5.5 所示的图纸，根据表 5.15 中给定的工具和毛坯，编写出最合理的程序，加工出合要求的工件。

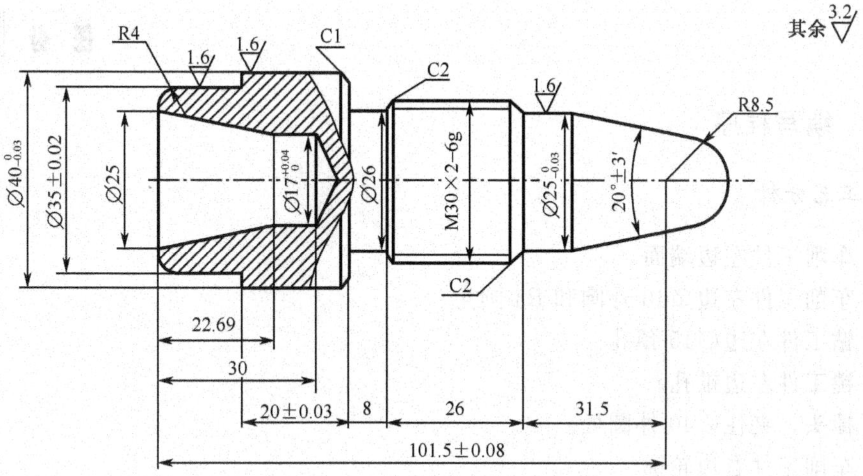

毛坯：∅50×105；材料：45＃钢

图 5.5　加工带外锥面、凸圆弧与镗孔工件

表 5.15　工/量具准备通知单

分　类	名　称	尺寸规格	数　量	备　注
材料	45＃钢	∅50×105	1根	
刀具	90°外圆车刀（T01）	4mm	1把	夹固式车刀
	切槽刀（T02）	20mm	1把	
	孔刀（T03）	20mm	1把	
	∅15的麻花钻	1把		
	螺纹车刀（T04）	20mm	1把	
工具	锉刀	1套		修理工件
	铜片	若干		
	夹紧工具	1套		
	刷子	1把		
	油壶	1把		
	清洗油	若干		
量具	0～150mm游标卡尺		1把	
	0～25mm外径千分尺		1把	
	25～50mm外径千分尺		1把	
其他	草稿纸		适量	
	计算器			
	工作服			
	护目镜			

◀◀◀ 任 务

任务1 编写程序

1. 工艺分析

1）车削工件左边端面。
2）车削工件左边∅40外圆和R4圆角。
3）钻工件左边∅15预孔。
4）镗工件左边锥孔。
5）掉头，夹住∅40外圆处。
6）车削工件右边轮廓。
7）车削工件右边槽。
8）车削工件右边M20×2螺纹。
9）车削工件右边锥面。

2. 编写程序

表5.16 工作左边外圆车削程序

程序段号	程序内容	说 明
N10	%	程序开始符
N20	O0001；	程序号
N30	T0101；	调用90°外圆车刀
N40	G97G99G40M03S800	主轴正转，转速800r/min
N50	G00X47.0Z5.0；	快速进给至加工起始点
N60	G71U2.0R1.0；	外圆粗加工循环
N70	G71P80Q170U0.5W0.02F0.3；	外圆粗加工循环
N80	G01X27.0；	快速到循环的开始点X
N90	Z0；	快速到循环的开始点Z
N100	G03X35.0Z-4.0R4.0；	车削R4圆弧倒角
N110	G01Z-16.0；	车削∅35外圆
N120	X40.0；	车端面
N160	Z-40.0；	车削∅40外圆
N170	X47.0；	循环的退出点
N180	G00X100.0Z100.0；	快速退刀
N190	M05；	主轴停止
N200	M00；	主轴暂停
N210	M03S1000；	主轴正转，转速1000r/min

续表

程序段号	程序内容	说　明
N220	T0101；	调用90°外圆车刀
N230	G00X47.0Z5.0；	快速进给至加工起始点
N240	G70P80Q170U0W0F0.2；	外圆精加工循环
N250	G00X100.0Z100.0；	快速退刀
N260	M05；	主轴停止
N270	M30；	程序结束
N280	%	程序结束符

表5.17　工件左边镗孔程序

程序段号	程序内容	说　明
N10	%	程序开始符
N20	O0002	程序号
N30	T0303；	调用镗孔T03刀
N40	G97G99G40M03S800	主轴正转，转速800r/min
N50	G00X15.0Z5.0；	快速进给至加工起始点
N60	G71U1.0R1.0；	内孔粗加工循环
N70	G71P80Q120U-0.5W0.02F0.2；	内孔粗加工循环
N80	G01X25.0；	快速到循环的开始点X
N90	Z0；	快速到循环的开始点Z
N100	X17.0Z-22.69；	镗锥孔
N110	Z-30.0；	车削∅17内孔
N120	X15.0；	循环结束点
N130	G00X100.0Z100.0；	快速退刀
N140	M05；	主轴停转
N150	M00；	主轴暂停
N160	M03S1000；	主轴正转，转速1000r/min
N170	T0303；	调用镗孔T03刀
N180	G00X15.0Z5.0；	快速进给至加工起始点
N190	G70P80Q120U0W0F0.1；	镗孔精加工循环
N200	G00X100.0Z100.0；	快速退刀
N210	M05；	主轴停转
N220	M30；	程序结束
N230	%	程序结束符

表 5.18 工件右边轮廓程序

程序段号	程序内容	说 明
N10	%	程序开始符
N20	O0003	程序号
N30	T0101;	调用 90°外圆车刀
N40	G97G99G40M03S800	主轴正转，转速 800r/min
N50	G00X47.0Z5.0;	快速进给至加工起始点
N60	G71U2.0R1.0;	外圆粗加工循环
N70	G71P80Q180U0.5W0.02F0.3;	外圆粗加工循环
N80	G01X0;	快速到循环的开始点 X
N90	Z0;	快速到循环的开始点 Z
N100	G03X16.74Z-7.024R8.5;	车削 SR8.5 圆弧面
N110	G01X25.0Z-30.44;	车削锥度
N120	Z-40.0;	车削∅25 外圆
N130	X26.0;	台阶
N140	X29.8Z-42.0;	快速进给至 C2 倒角处
N150	Z-74.0;	外圆∅29.8
N160	X38.0;	台阶
N170	X40.0Z-75.0;	车削 C2
N180	X47.0;	循环的结束点
N190	G00X100.0Z100.0;	快速退刀
N200	M05;	主轴停止
N210	M00;	主轴暂停
N220	M03S1000;	主轴正转，转速 1000r/min
N230	T0101;	调用 90°外圆车刀
N240	G00X47.0Z5.0;	快速进给至加工起始点
N250	G70P80Q180U0W0F0.2;	外圆精加工循环
N260	G00X100.0Z100.0;	外圆精加工循环
N270	M05;	主轴停转
N280	M00;	主轴暂停
N290	M03S400;	主轴正转，转速 400r/min
N300	T0303;	调用车槽 T03 刀
N310	G00X32.0Z-74.0;	快速进给至加工起始点
N320	G01X26.0F0.1	车槽慢进
N330	X32.0F0.3;	车槽中退
N340	Z-71.0;	快速进给至加工起始点
N350	X26.0F0.1;	车槽慢进
N360	X32.0F0.3;	车槽中退

续表

程序段号	程序内容	说 明
N370	Z-70.0；	快速进给至加工起始点
N380	X26.0F0.1；	车槽慢进
N390	X32.0F0.3；	车槽中退
N400	Z-68.0；	快速进给至加工起始点
N410	X30.0F0.1；	车槽慢进
N420	X26.0Z-70.0F0.1；	车槽中退
N430	G00X100.0Z100.0；	快速退刀
N440	M05；	主轴停转
N450	M00；	主轴暂停
N460	M03S500；	主轴正转，转速 500r/min
N470	T0404	调用螺纹刀 T04
N480	G00X32.0Z-35.0	快速移动到车螺纹进刀点
N490	G92X29.5Z-68.0F2.0；	螺纹加工第一刀
N500	X29.0；	螺纹加工第二刀
N510	X28.5；	螺纹加工第三刀
N520	X28.0；	螺纹加工第四刀
N530	X27.5；	螺纹加工第五刀
N540	X27.4；	螺纹加工第六刀
N550	X27.4；	螺纹加工第七刀
N560	G00X100.0Z100.0；	快速退刀
N570	M30；	主轴停转
N580	%	程序结束符

思考

1）车削内螺纹时 G71 指令的运用应注意哪些？

2）车削螺纹时刀具为什么要走到螺纹部分的外面？

任务 2 加工工件

加工工件的步骤如下。

1）开启机床。

2）安装刀具和毛坯。

3）将车削左边的粗加工程序输入。

4）对刀。

5）设置刀补。

6）点击循环启动，自动加工工件。

7）加工完毕后，测量工件尺寸与实际尺寸的差值，然后在刀具磨损中修改差值。

8）将车削左边的精加工程序输入。

9）点击循环启动，进行精加工。

10）重复第7）～9）步骤，直至工件尺寸合格为止。

11）打∅15的预孔。

12）输入加工工件左边内孔轮廓的程序。

13）点击循环启动，自动加工工件。

14）加工完毕后，测量工件尺寸与实际尺寸的差值，然后在刀具磨损中修改差值。

15）选择工件的精加工程序段，即利用G71循环中的N80、N170之间的部分重新写一个精加工程序。

16）点击循环启动，运行精加工程序，进行精加工。

17）重复第14）～16）步骤，直至工件尺寸合格为。

18）掉头，夹住工件∅40外圆处，但不要夹到R4处。

19）输入车削左边外圆的粗加工程序。

20）对刀。

21）设置刀补。

22）点击循环启动，自动加工工件。

23）加工完毕后，测量工件尺寸与实际尺寸的差值，然后在刀具磨损中修改差值。

24）将车削左边外圆的精加工程序输入。

25）点击循环启动，进行精加工。

26）重复第23）～25）步骤，直至工件尺寸合格为止。

27）输入加工槽的程序。

28）点击循环启动，自动加工工件。

29）加工完毕后，测量工件尺寸与实际尺寸的差值，然后在刀具磨损中修改差值，继续运行加工槽的程序，直至槽的尺寸合格为止。

30）输入加工螺纹的程序。

31）设置刀补。

32）点击循环启动，自动加工工件。

33）加工完毕后，测量工件尺寸与实际尺寸的差值，然后在刀具磨损中修改差值，继续运行加工螺纹的程序，直至螺纹的尺寸合格为止。

34）加工完毕，卸下工件，打扫机床卫生。

任务3 评价并总结

请你对照评分表5.19和自己加工的工件，给自己一个正确的评价，并找出在学习过程中遇到的问题及解决方法，认真总结。

表 5.19　自我鉴定表

鉴定项目及标准	配　分	自　检	结　果	得　分	备　注
用试切法对刀	5				
$\varnothing 40_{-0.033}^{0}$	10				
$\varnothing 35_{-0.033}^{0}$	10				
C2、C1（各一处）	5				
$\varnothing 16$	5				
R1（两处）	5				
R2.5	5				
$\varnothing 17_{0}^{+0.04}$	10				
12	5				
$\varnothing 25_{-0.033}^{0}$	10				
8	5				
20±0.03					
M30×2	10				
101.5±0.08	5				
精度检验及误差分析	10				
总结					

■ 项目六　小直径高精度孔的镗孔的加工 ■

☞**技能要求**

- 了解薄壁零件的加工特点和掌握薄壁零件的装夹定位方法和加工方法。
- 掌握端面槽的加工方法。
- 能按技术要求完成典型零件的加工，保证零件的尺寸精度及形位精度。

仔细分析如图 5.6 所示的图纸，根据表 5.20 中给定的工具和毛坯，编写出最合理的程序，加工出合要求的工件。

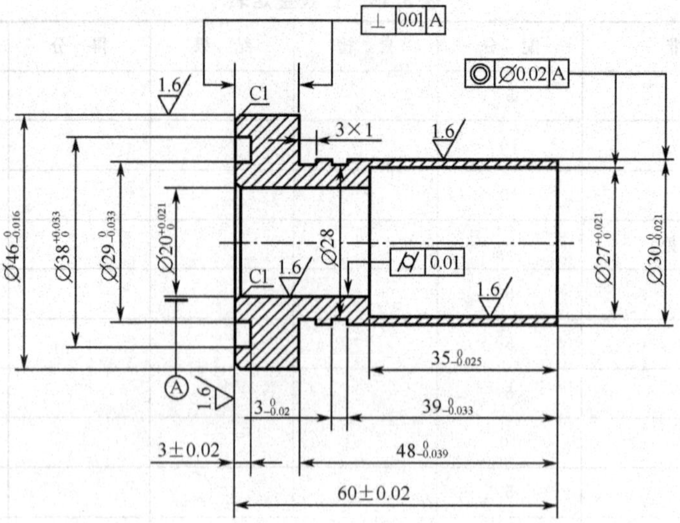

毛坯：∅50×65；材料：45＃钢

图 5.6 加工小直径、高精度孔的镗孔

表 5.20 工/量具准备通知单

分 类	名 称	尺寸规格	数 量	备 注
材料	45＃钢	∅35×65	1 根	
刀具	90°外圆车刀（T01）	4mm	1 把	夹固式车刀
	端面车槽刀（T02）	4mm	1 把	
	切槽刀（T03）			
	镗孔刀（T04）	20mm	1 把	
工具	锉刀		1 套	修理工件
	铜片		若干	
	夹紧工具		1 套	
	刷子		1 把	
	油壶		1 把	
	清洗油		若干	
量具	0～150mm 游标卡尺		1 把	
	0～25mm 外径千分尺		1 把	
	25～50mm 外径千分尺		1 把	
其他	草稿纸		适量	
	计算器			
	工作服			
	护目镜			

任务

任务1　编写程序

1. 工艺分析

1）车削工件右边端面。

2）用∅16的麻花钻打一预孔。

3）用镗孔刀镗出∅20的内孔。

4）掉头，夹住∅46外圆处，但不要夹到C1倒角。

5）车削工件右边∅30外圆。

6）车削工件右边3mm×1mm的两条槽。

7）用镗孔刀镗出∅27的内孔。

2. 编写程序

编制程序请参阅表5.21～表5.24及其说明。

表5.21　工件左边车削加工程序

程序段号	程序内容	说　明
N10	%	程序开始符
N20	O0001	程序号
N30	T0101;	调用90°外圆车刀
N40	G97G99G40M03S800	主轴正转，转速800r/min
N50	G00X67.0Z5.0;	快速进给至加工起始点
N60	G71U2.0R1.0;	外圆粗加工循环
N70	G71P80Q120U0.5W0.02F0.3;	外圆粗加工循环
N80	G01X44.0;	循环的开始点X方向
N90	Z0;	循环的开始点Z方向
N100	X46.0Z−1.0;	车削C1倒角
N110	Z−15.0;	车削∅46的外圆
N120	X67.0;	循环的结束点
N130	G00X100.0Z100.0;	快速退刀
N140	M05;	主轴停止
N150	M00;	程序暂停
N160	M03S1000;	主轴正转，转速1000r/min
N170	T0101;	调用90°外圆车刀
N180	G00X67.0Z5.0;	循环的开始点
N190	G70P80Q120U0W0F0.2;	外圆精加工循环
N200	G00X100.0Z100.0;	快速退刀

续表

程序段号	程序内容	说明
N210	M05；	主轴停止
N220	M00；	程序暂停
N230	M03S400；	主轴正转，转速 400r/min
N240	T0202；	调用端面车槽刀
N250	G00X38.0Z5.0；	车削端面槽的开始点
N260	G01Z－3.0F0.1；	车削端面槽深度第一刀
N270	Z5.0F0.3；	中速退刀
N280	X37.0；	车削端面槽深度第二刀
N290	Z－3.0F0.1；	车削端面槽深度第二刀
N300	Z5.0；	退刀
N310	G00X100.0Z100.0；	快速退刀
N320	M05；	主轴停止
N330	M30；	程序结束
N340	%	程序结束符

表 5.22 工件左边镗孔程序

程序段号	程序内容	说明
N10	%	程序开始符
N20	O0002；	程序号
N30	T0404；	调用 T04 号镗孔刀
N40	G97G99G40M03S800	主轴正转，转速 800r/min
N50	G00X18.0Z5.0；	快速进给至加工起始点
N60	G71U1.0R1.0；	内孔粗加工循环
N70	G71P80Q120U-0.5W0.02F0.2；	内孔粗加工循环
N80	G01X22.0；	循环的开始点 X 方向
N90	Z0；	循环的开始点 Z 方向
N100	X20.0Z-1.0；	车削 C1 倒角
N110	Z-30.0；	车削∅20 的内孔
N120	X18.0；	循环的结束点
N130	G00X100.0Z100.0；	快速退刀
N140	M05；	主轴停止
N150	M00；	程序暂停
N160	M03S1000；	主轴正转，转速 1000r/min
N170	T0404；	调用 T04 号镗孔刀
N180	G00X18.0Z5.0；	循环的开始点
N180	G70P80Q120U0W0F0.1；	内孔精加工循环
N200	G00X100.0Z100.0；	快速退刀
N210	M05；	主轴停止
N220	M30；	程序停止
N230	%	程序结束符

表 5.23 工件右边外圆轮廓

程序段号	程序内容	说　明
N10	%	程序开始符
N20	O0003;	程序号
N30	T0101;	调用 90°外圆车刀
N40	G97G99G40M03S800	主轴正转，转速 800r/min
N50	G00X67.0Z5.0;	快速进给至加工起始点
N60	G71U2.0R1.0;	外圆粗加工循环
N70	G71P80Q100U0.5W0.02F0.3;	外圆粗加工循环
N80	G01X30.0;	循环的开始点 X 方向
N90	Z-48.0;	循环的开始点 Z 方向
N100	X67.0;	循环的结束点
N110	G00X100.0Z100.0;	快速退刀
N120	M05;	主轴停止
N130	M00;	程序暂停
N140	M03S1000;	主轴正转，转速 1000r/min
N150	T0101;	调用 90°外圆车刀
N160	G00X67.0Z5.0;	循环的开始点
N170	G70P80Q100U0W0F0.2;	外圆精加工循环
N180	G00X100.0Z100.0;	快速退刀
N190	M05;	主轴停止
N200	M00;	程序暂停
N210	M03S400;	主轴正转，转速 400r/min
N220	T0303;	调用车槽刀
N230	G00X32.0Z-48.0;	槽的开始定位点
N240	G01X28.0F0.1;	车削端面槽深度第一刀
N250	X32.0F0.3;	中速退刀
N260	Z-42.0;	车削槽深度第二刀
N270	X28.0F0.1;	车削槽深度第二刀
N280	X32.0F0.3;	中速退刀
N290	Z-42.0;	车削槽深度第三刀
N300	X28.0F0.1;	车削槽深度第三刀
N310	X32.0F0.3;	中速退刀
N320	G00X100.0Z100.0;	快速退刀
N330	M05	主轴停止
N340	M30;	程序结束
N350	%	程序结束符

表 5.24 工件右边内轮廓

程序段号	程序内容	说 明
N10	%	程序开始符
N20	O0004;	程序号
N30	T0404;	调用镗孔车刀
N40	G97G99G40M03S800	主轴正转，转速 800r/min
N50	G00X18.0Z5.0;	快速进给至加工起始点
N60	G71U1.0R1.0;	内孔粗加工循环
N70	G71P80Q100U-0.5W0.02F0.2;	内孔粗加工循环
N80	G01X27.0;	循环的开始点 X 方向
N90	Z-35.0;	循环的开始点 Z 方向
N100	X18.0	循环的结束点
N110	G00X100.0Z100.0;	快速退刀
N120	M05;	主轴停止
N130	M00;	程序暂停
N140	M03S1000;	主轴正转，转速 1000r/min
N150	T0404;	调用镗孔车刀
N160	G00X18.0Z5.0;	循环的开始点
N170	G70P80Q100U0W0F0.1;	内孔精加工循环
N180	G00X100.0Z100.0;	快速退刀
N190	M05;	主轴停止
N200	M30;	程序结束
N210	%	程序结束符

1）车削薄壁零件有哪些技巧？如何保证零件位置精度？

2）车削端面槽的技巧？要求注意哪些方面？

任务 2 加工工件

加工工件的步骤如下。

1）开启机床。

2）安装刀具和毛坯。

3）将车削左边的粗加工程序输入。

4）对刀。

5）设置刀补。

6）点击循环启动，自动加工工件。

7）加工完毕后，测量工件尺寸与实际尺寸的差值，然后在刀具磨损中修改差值。

8）将车削右边的精加工程序输入。

9）点击循环启动，进行精加工。

10）重复第7）～9）步骤，直至工件尺寸合格为止。

11）输入加工槽的程序。

12）点击循环启动，自动加工工件。

13）加工完毕后，测量工件尺寸与实际尺寸的差值，然后在刀具磨损中修改差值，继续运行加工槽的程序，直至槽的尺寸合格为止。

14）输入加工内孔的程序。

15）设置刀补。

16）点击循环启动，自动加工工件。

17）加工完毕后，测量工件尺寸与实际尺寸的差值，然后在刀具磨损中修改差值，继续运行加工内孔的程序，直至内孔的尺寸合格为止。

18）掉头，夹住工件∅46外圆处。。

19）输入车削右边外圆的粗加工程序。

20）对刀。

21）设置刀补。

22）点击循环启动，自动加工工件。

23）加工完毕后，测量工件尺寸与实际尺寸的差值，然后在刀具磨损中修改差值。

24）将车削右边外圆的精加工程序输入。

25）点击循环启动，进行精加工。

26）重复第23）～25）步骤，直至工件尺寸合格为止。

27）输入加工槽的程序。

28）点击循环启动，自动加工工件。

29）加工完毕后，测量工件尺寸与实际尺寸的差值，然后在刀具磨损中修改差值，继续运行加工槽的程序，直至槽的尺寸合格为止。

30）输入加工内孔的程序。

31）设置刀补。

32）点击循环启动，自动加工工件。

33）加工完毕后，测量工件尺寸与实际尺寸的差值，然后在刀具磨损中修改差值，继续运行加工内孔的程序，直至内孔的尺寸合格为止。

34）加工完毕，卸下工件，打扫机床卫生。

任务3 评价并总结

请你对照评分表5.25和自己加工的工件，给自己一个正确的评价，并找出在学习过程中遇到的问题及解决方法，认真总结。

表 5.25 自我鉴定表

鉴定项目及标准	配分	自检	结果	得分	备注
用试切法对刀	5				
$\varnothing 46_{-0.016}^{0}$	10				
$\varnothing 29_{-0.033}^{0}$	10				
C1	5				
$\varnothing 38_{0}^{+0.033}$	5				
$\varnothing 20_{0}^{+0.021}$	5				
$\varnothing 27_{0}^{+0.021}$	5				
$\varnothing 30_{-0.021}^{0}$	10				
$35_{-0.025}^{0}$	5				
$39_{-0.033}^{0}$	10				
$48_{-0.033}^{0}$	5				
$3_{-0.02}^{0}$	10				
60 ± 0.02	5				
精度检验及误差分析	10				
总结					

■ 项目七 车削内/外轮廓与内螺纹的加工 ■

☞**技能要求**

- 了解薄壁零件的加工特点和掌握薄壁零件的装夹定位方法和加工方法。
- 掌握内螺纹和内槽的加工方法。
- 能对加工质量进行分析，并能合理安排加工工艺。

仔细分析如图 5.7 所示的图纸，根据表 5.26 中给定的工具和毛坯，编写出最合理的程序，加工出合要求的工件。

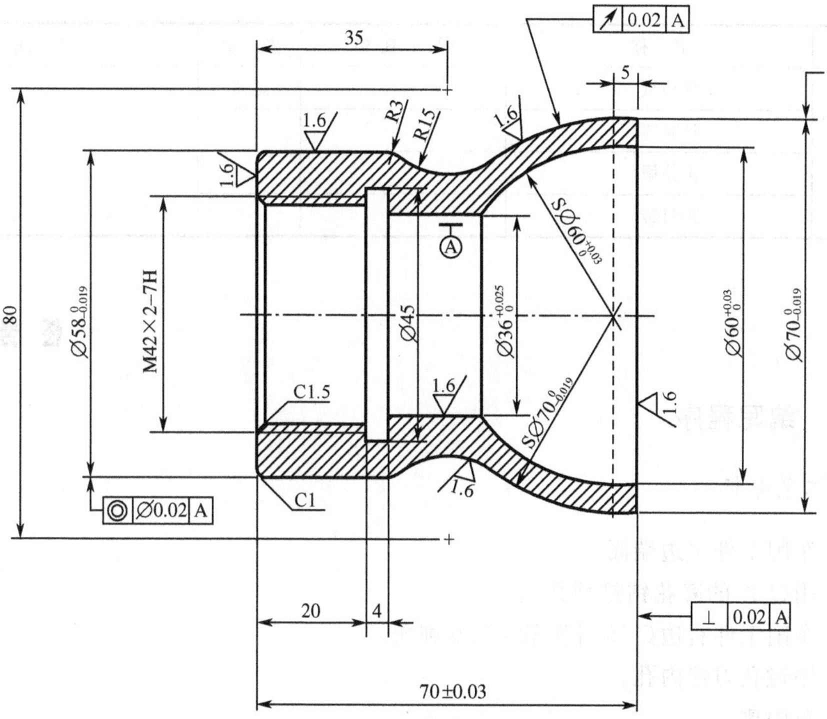

图 5.7 加工内/外轮廓及内螺纹

表 5.26 工/量具准备通知单

分 类	名 称	尺寸规格	数 量	备 注
材料	45#钢	Ø85×75	1根	
刀具	93°外圆车刀	20mm	1把	夹固式车刀
	镗孔刀	20mm	1把	
	切内槽刀	4mm	1把	
	螺纹刀	20mm	1把	
	Ø20的麻花钻头		1把	
	90°外圆车刀	20mm	1把	
工具	锉刀		1套	修理工件
	铜片		若干	
	夹紧工具		1套	
	刷子		1把	
	油壶		1把	
	清洗油		若干	
量具	0～150mm 游标卡尺		1把	
	0～25mm 外径千分尺		1把	
	50～75mm 外径千分尺		1把	

续表

分 类	名 称	尺寸规格	数 量	备 注
其他	草稿纸		适量	
	计算器			
	工作服			
	护目镜			

任 务

任务 1 编写程序

1. 工艺分析

1）车削工件左边端面。
2）用∅20 的麻花钻打预孔。
3）车削工件右边∅25 外圆和 R2.5 圆角。
4）用镗孔刀镗内孔。
5）车内槽。
6）车内螺纹。
7）车削工件右边外圆轮廓。
8）车削工件右边内孔。

2. 编写程序

编制程序请参阅表 5.27～表 5.30 及其说明。

表 5.27 车削左边外轮廓

程序段号	程序内容	说 明
N10	%	程序开始符
N20	O0001；	程序号
N30	T0101；	调用 90°外圆车刀
N40	G97G99G40M03S800	主轴正转，转速 800r/min
N50	G00X72.0Z5.0；	快速进给至加工起始点
N60	G71U2.0R1.0；	外圆粗加工循环
N70	G71P80Q120U0.5W0.02F0.3；	外圆粗加工循环
N80	G01X56.0；	循环的开始点 X 方向
N90	Z0；	循环的开始点 Z 方向
N100	X58.0Z-1.0；	车削 C1 倒角
N110	Z-35.0；	车削∅58 的外圆
N120	X72.0；	循环的结束点

续表

程序段号	程序内容	说 明
N130	G00X100.0Z100.0;	快速退刀
N140	M05;	主轴停转
N150	M00;	程序暂停
N160	M03S1000;	主轴正转，转速 1000r/min
N170	T0101	调用 90°外圆车刀
N180	G00X72.0Z5.0;	循环的开始点
N190	G70P80Q120U0W0F0.2;	外圆精加工循环
N200	G00X100.0Z100.0;	快速退刀
N210	M30;	程序结束
N220	%;	程序结束符

表 5.28 车削左边内轮廓

程序段号	程序内容	说 明
N10	%	程序开始符
N20	O0002;	程序号
N30	T0202;	调用镗孔车刀
N40	G97G99G40M03S800	主轴正转，转速 800r/min
N50	G00X34.0Z5.0;	快速进给至加工起始点
N60	G71U1.0R1.0;	内孔粗加工循环
N70	G71P80Q140U-0.5W0.02F0.2;	内孔粗加工循环
N80	G01X42.0;	循环的开始点 X 方向
N90	Z0;	循环的开始点 Z 方向
N100	X39.4Z-1.5;	车削 C1.5 倒角
N110	Z-24.0;	车内孔∅39.4
N120	X36.0;	车内孔∅36.0
N130	Z-45.0;	车内孔∅36.0
N140	X34.0;	循环的结束点
N150	G00X100.0Z100.0;	快速退刀
N160	M05;	主轴停转
N170	M00;	程序暂停
N180	M03S1000;	主轴正转，转速 1000r/min
N190	T0202;	调用镗孔车刀
N200	G00X34.0Z5.0;	循环的开始点
N210	G70P80Q140U0W0F0.2;	内孔精加工循环
N220	G00X100.0Z100.0;	快速退刀
N230	M05;	主轴停止

续表

程序段号	程序内容	说　明
N240	M00；	程序暂停
N250	M03S400；	主轴正转，转速 400r/min
N260	T0303；	调用车槽 T03 刀
N270	G00X35.0Z5.0；	快速进给至加工起始点
N280	G01Z-24.0F0.3；	快速进给至加工起始点
N290	X45.0F0.1；	车槽慢进
N300	X35.0F0.3；	车槽中退
N310	Z5.0；	退刀
N320	G00X100.0Z100.0；	快速退刀
N330	M05；	主轴停转
N340	M00；	程序暂停
N350	M03S500；	主轴正转，转速 500r/min
N360	T0404；	调用螺纹刀 T04
N370	G00X35.0Z5.0	快速移动到车螺纹进刀点
N380	G92X40.0Z-21.0F2.0；	螺纹加工第一刀
N390	X40.5；	螺纹加工第二刀
N400	X41.0；	螺纹加工第三刀
N410	X41.5；	螺纹加工第四刀
N420	X42.0；	螺纹加工第五刀
N430	X42.0；	螺纹加工第六刀
N440	G00X100.0Z100.0；	快速退刀
N450	M05；	主轴停转
N460	M30；	程序结束
N470	%	程序结束符

表 5.29　车削右边外轮廓

程序段号	程序内容	说　明
N10	%	程序开始符
N20	O0003	程序号
N30	T0101；	调用 93°外圆车刀
N40	G97G99G40M03S800	主轴正转，转速 800r/min
N50	G00X72.0Z5.0；	快速进给至加工起始点
N60	G73U10.0R10.0；	外圆粗加工循环
N70	G73P80Q130U0.5W0.02F0.3；	外圆粗加工循环
N80	G01X70.0；	循环的开始点 X 方向
N90	Z-5.0；	循环的开始点 Z 方向

续表

程序段号	程序内容	说 明
N100	G03X56.0Z-26.0R35.0；	车削 SR35 圆弧面
N110	G02X56.666Z-44.428R15.0；	车削 R15 的凹圆弧
N120	G03X58.0Z-46.314R3.0；	车削 R3 的凹圆弧
N130	G01X72.0；	循环的结束点
N140	G00X100.0Z100.0；	快速退刀
N150	M05；	主轴停转
N160	M00；	程序暂停
N170	M03S1000；	主轴正转，转速 1000r/min
N180	T0101；	调用 93°外圆车刀
N190	G00X72.0Z5.0；	循环的开始点
N200	G70P80Q130U0W0F0.2；	外圆精加工循环
N210	G00X100.0Z100.0；	快速退刀
N220	M05	主轴停转
N230	M30；	程序结束
N240	%	程序结束符

表 5.30 右内轮廓加工程序

程序段号	程序内容	说 明
N10	%	程序开始符
N20	O0004	程序号
N30	T0202；	调用镗孔车刀
N40	G97G99G40M03S800	主轴正转，转速 800r/min
	G00X34.0Z5.0；	快速进给至加工起始点
N50	G71U1.0R1.0；	内孔粗加工循环
N60	G71P70Q100U-0.5W0.02F0.3	内孔粗加工循环
N70	G01X60.0	循环的开始点 X 方向
N80	Z-5.0；	循环的开始点 Z 方向
N90	G03X36.0Z-29.0R30.0；	车削 R30 圆弧
N100	N20G01Z-34.0；	循环的结束点
N110	G00X100.0Z100.0；	快速退刀
N120	M05；	主轴停转
N130	M00；	程序暂停
N140	M03S1000；	主轴正转，转速 1000r/min
N150	T0202；	调用镗孔车刀
N160	G00X34.0Z5.0；	循环的开始点
N170	G70P70Q100U0W0F0.1；	内孔精加工循环
N180	G00X100.0Z100.0；	快速退刀
N190	M05；	主轴结束
N200	M30；	程序结束
N210	%	程序结束符

1）为什么要加工工件的左边？

2）车削内螺纹的方法及技巧有哪些？

任务 2 加工工件

加工工件的步骤如下。

1）开启机床。

2）安装刀具和毛坯。

3）将车削左边的粗加工程序输入。

4）对刀。

5）设置刀补。

6）点击循环启动，自动加工工件。

7）加工完毕后，测量工件尺寸与实际尺寸的差值，然后在刀具磨损中修改差值。

8）将车削左边的精加工程序输入。

9）点击循环启动，进行精加工。

10）重复第 7）～9）步骤，直至工件尺寸合格为止。

11）输入加工内孔的程序。

12）设置刀补。

13）点击循环启动，自动加工工件。

14）加工完毕后，测量工件尺寸与实际尺寸的差值，然后在刀具磨损中修改差值，继续运行加工内孔的程序，直至内孔的尺寸合格为止。

15）输入加工槽的程序。

16）点击循环启动，自动加工工件。

17）加工完毕后，测量工件尺寸与实际尺寸的差值，然后在刀具磨损中修改差值，继续运行加工槽的程序，直至槽的尺寸合格为止。

18）输入加工螺纹的程序。

19）设置刀补。

20）点击循环启动，自动加工工件。

21）加工完毕后，测量工件尺寸与实际尺寸的差值，然后在刀具磨损中修改差值，继续运行加工螺纹的程序，直至螺纹的尺寸合格为止。

22）掉头，夹住工件∅42 外圆处。

23）输入车削左边外圆的粗加工程序。

24）对刀。

25）设置刀补。

26）点击循环启动，自动加工工件。

27）加工完毕后，测量工件尺寸与实际尺寸的差值，然后在刀具磨损中修改差值。

28）将车削左边外圆的精加工程序输入。

29）点击循环启动，进行精加工。

30）重复第 23）～25）步骤，直至工件尺寸合格为止。

31）输入加工内孔的程序。

32）设置刀补。

33）点击循环启动，自动加工工件。

34）加工完毕后，测量工件尺寸与实际尺寸的差值，然后在刀具磨损中修改差值，继续运行加工内孔的程序，直至内孔的尺寸合格为止。

35）加工完毕，卸下工件，打扫机床卫生。

任务 3 评价并总结

请你对照评分表 5.31 和自己加工的工件，给自己一个正确的评价，并找出你在学习过程中遇到的问题及解决方法，认真总结。

表 5.31 自我鉴定表

鉴定项目及标准	配 分	自 检	结 果	得 分	备 注
用试切法对刀	5				
$\varnothing 58_{-0.019}^{0}$	10				
$\varnothing 70_{-0.019}^{0}$	10				
C1、C1.5	5				
$\varnothing 60_{0}^{+0.03}$	10				
$SR60_{0}^{+0.03}$	5				
$\varnothing 36_{0}^{+0.025}$	10				
$20_{-0.033}^{0}$	10				
$\varnothing 45$	5				
4	5				
M42×2	10				
70±0.03	5				
精度检验及误差分析	10				
总结					

■ 项目八 轴套类零件的加工 ■

☞**技能要求**

- 掌握轴套类零件的一般加工方法。
- 根据零件图合理编制加工工艺。
- 熟练掌握轴套件加工程序的编制、加工刀具的选择和加工操作方法。
- 能对加工质量进行分析，并能合理安排加工工艺。

仔细分析如图 5.8 所示的图纸，根据表 5.32 中给定的工具和毛坯，编写出最合理的程序，加工出合要求的工件。

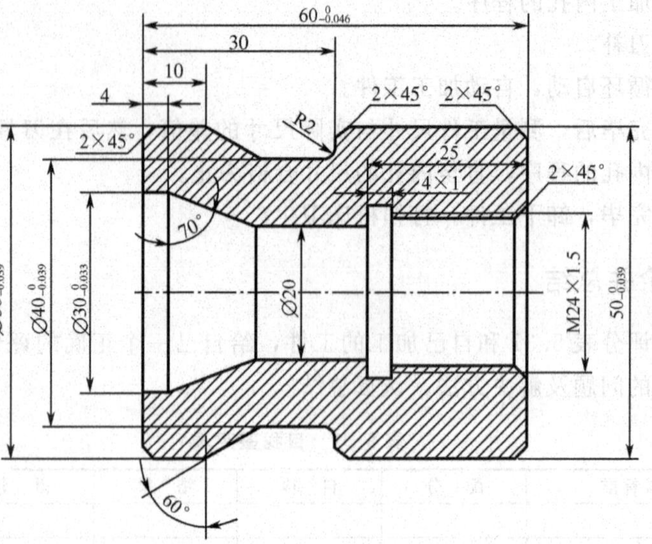

图 5.8 加工轴套类零件

表 5.32 工/量具准备通知单

分 类	名 称	尺寸规格	数 量	备 注
材料	45＃钢	Ø60×70	1 根	
刀具	内切槽刀	4mm	1 把	夹固式车刀
	Ø18 的麻花钻头		1 把	
	93°外圆车刀	20mm	1 把	
	90°外圆车刀	20mm	1 把	
	镗孔刀	20mm	1 把	
	内螺纹刀	20mm	1 把	
工具	锉刀		1 套	修理工件
	铜片		若干	
	夹紧工具		1 套	
	刷子		1 把	
	油壶		1 把	
	清洗油		若干	
量具	0～150mm 游标卡尺		1 把	
	25～50mm 外径千分尺		1 把	

续表

分 类	名 称	尺寸规格	数 量	备 注
其他	草稿纸		适量	
	计算器			
	工作服			
	护目镜			

任 务

任务1 编写程序

1. 工艺分析

1）车削工件右边端面。
2）用∅18麻花钻打预孔。
3）车削工件右边∅50外圆和C2倒角。
4）用镗孔刀镗内孔。
5）车内槽。
6）车内螺纹。
7）车削工件左边外圆轮廓。
8）车削工件左边内孔。

2. 编写程序

编制程序请参阅表5.33与表5.34及其说明。

表5.33 车削右边外轮廓

程序段号	程序内容	说 明
N10	%	程序开始符
N20	O0001；	程序号
N30	T0101	调用90°外圆车刀
N40	G97G99M03S800；	主轴正转，转速800r/min
N50	G00X62.0Z2.0；	快速进给至加工起始点
N60	G71U1.5R0.5；	外圆粗加工循环
N70	G71P80Q110U0.5W0.02F0.15；	外圆粗加工循环
N80	G01X42.0；	循环的开始点X方向
N90	X50.0Z-2.0；	车削C2倒角
N100	Z-35.0；	车削∅50的外圆
N110	G01X62.0；	循环的结束点
N120	G00X100.0Z100.0；	快速退刀

续表

程序段号	程序内容	说 明
N130	M05；	主轴停止
N140	M00；	程序暂停
N150	M03S1000；	主轴正转，转速 1000r/min
N160	T0101；	调用 T01 外圆车刀
N170	G00X62.0Z2.0	循环的开始点
N180	G70P80Q110U0W0F0.1；	外圆精加工循环
N190	G00X100.0Z100.0；	快速退刀
N200	M05；	主轴停转
N210	M00；	程序暂停
N220	T0202；	调用 T02 镗孔刀
N230	M03S800；	主轴正转，转速 800r/min
N240	G00X16.0Z2.0；	快速到循环的点
N250	G71U1.5R0.5；	内孔粗加工循环
N260	G71P270Q290U-0.5W0.02F0.15；	内孔粗加工循环
N270	G01×26.15；	
N280	Z0；	
N290	G01X22.15Z-2.0；	车削 C2 倒角
N300	Z-25.0；	车削∅22.15 的内孔
N310	X16.0	循环的结束点
N320	G00X100.0Z100.0；	快速退刀
N330	M05；	主轴停止
N340	M00；	程序暂停
N350	M03S1000；	主轴正转，转速 1000r/min
N360	T0202；	调用 T02 镗孔刀
N370	G00X16.0Z2.0；	循环的开始点
N380	G70P270Q290U0W0F0.1；	镗孔精加工循环
N390	G00X100.0Z100.0；	快速退刀
N400	M05；	主轴停转
N410	M00；	程序暂停
N420	M03S400；	主轴正转，转速 400r/min
N430	T0303；	调用 T03 内槽刀
N440	G00X16.0Z2.0；	进刀点
N450	G01Z-25.0F0.3；	车槽的下刀点
N460	X26.0F0.1；	车槽
N470	G01X16.0F0.3；	车槽退刀
N480	Z5.0；	车槽退刀
N490	G00X100.0Z100.0；	快速退刀
N500	M05；	主轴停止

续表

程序段号	程序内容	说明
N510	M00；	程序暂停
N520	M03S600；	主轴正转，转速 600r/min
N530	T0404；	调用 T04 螺纹车刀
N540	G00X16.0Z5.0；	循环的开始点
N550	G92X22.5Z-23.0F1.5；	车削螺纹第一刀
N560	X23.0；	车削螺纹第二刀
N570	X23.5；	车削螺纹第三刀
N580	X23.9；	车削螺纹第四刀
N590	X24.0；	车削螺纹第五刀
N600	X24.0；	车削螺纹第六刀
N610	G00X100.0Z100.0；	快速退刀
N620	M30；	程序结束
N630	%	程序结束符

表 5.34 车削左边轮廓

程序段号	程序内容	说明
N10	%	程序开始符
N20	O0002；	程序号
N30	T0101；	调用 93°外圆车刀
N40	G97G99G40M03S800	主轴正转，转速 800r/min
N50	G00X62.0Z2.0；	快速进给至加工起始点
N60	G73U10R8；	外轮廓粗加工循环
N70	G73P80Q160U0.5W0.02F0.2；	外轮廓粗加工循环
N80	G01X42.0；	循环的开始点 X 方向
N90	X50.0Z-2.0；	车削 C2 倒角
N100	Z-10.0	车外圆 Φ50
N110	X40.0Z-18.66；	车锥度
N120	Z-28.0；	车外圆 Φ40.0
N130	G02X44.0Z-30.0R2.0；	车 R2 圆弧倒角
N140	G01X46.0；	车端面
N150	X52.0Z-33.0；	车削 C2 倒角
N160	X62.0；	循环结束点
N170	G00X100.0Z100.0；	快速退刀
N180	M05；	主轴停止
N190	M00；	程序暂停
N200	M03S1000；	主轴正转，转速 1000r/min

续表

程序段号	程序内容	说明
N210	T0101；	调用 T01 号 93°刀
N220	G00X62.0Z2.0；	循环的开始点
N230	G70P80Q160U0W0F0.2；	外圆精加工循环
N240	G00X100.0Z100.0；	快速退刀
N250	M05；	主轴停转
N260	M00；	程序暂停
N270	M03S400；	主轴正转，转速 400r/min
N280	T0202；	调用 T02 镗孔刀
N290	G00X16.0Z2.0；	快速到循环的点
N300	G71U1.5R0.5	内孔粗加工循环
N310	G71P320Q360U-0.5W0.02F0.15	内孔粗加工循环
N320	G1X30.0；	车削∅30 的内孔
N330	Z-4.0；	车削∅30 的内孔
N340	X20.0Z-17.737；	内锥
N350	Z-37.0	车削∅20 的内孔
N360	X16.0；	循环结束点
N370	G00X100.0Z100.0；	快速退刀
N380	M05；	主轴停转
N390	M00；	程序暂停
N400	M03S1000；	主轴正转，转速 1000r/min
N410	T0202；	调用 T02 镗孔刀
N420	G00X16.0Z2.0；	循环的开始点
N430	G70P320Q360U0W0F0.1；	镗孔精加工循环
N440	G00X100.0Z100.0；	快速退刀
N450	M05；	主轴停转
N460	M30	程序结束
N470	%	程序结束符

1）车削螺纹时最后一刀为什么要空走一刀？

2）车削掉头工件时应注意哪些问题？

任务 2　加工工件

加工工件的步骤如下。

1）开启机床。

2）安装刀具和毛坯。

3）将车削右边的粗加工程序输入。

4）对刀。

5）设置刀补。

6）点击循环启动，自动加工工件。

7）加工完毕后，测量工件尺寸与实际尺寸的差值，然后在刀具磨损中修改差值。

8）将车削右边的精加工程序输入。

9）点击循环启动，进行精加工。

10）重复第 7）～9）步骤，直至工件尺寸合格为止。

11）输入加工内孔的程序。

12）设置刀补。

13）点击循环启动，自动加工工件。

14）加工完毕后，测量工件尺寸与实际尺寸的差值，然后在刀具磨损中修改差值，继续运行加工内孔的程序，直至内孔的尺寸合格为止。

15）输入加工槽的程序。

16）点击循环启动，自动加工工件。

17）加工完毕后，测量工件尺寸与实际尺寸的差值，然后在刀具磨损中修改差值，继续运行加工槽的程序，直至槽的尺寸合格为止。

18）输入加工螺纹的程序。

19）设置刀补。

20）点击循环启动，自动加工工件。

21）加工完毕后，测量工件尺寸与实际尺寸的差值，然后在刀具磨损中修改差值，继续运行加工螺纹的程序，直至螺纹的尺寸合格为止。

22）掉头，夹住工件∅50 外圆处。

23）输入车削左边外圆的粗加工程序。

24）对刀。

25）设置刀补。

26）点击循环启动，自动加工工件。

27）加工完毕后，测量工件尺寸与实际尺寸的差值，然后在刀具磨损中修改差值。

28）将车削左边外圆的精加工程序输入。

29）点击循环启动，进行精加工。

30）重复第 27）～29）步骤，直至工件尺寸合格为止。

31）输入加工内孔的程序。

32）设置刀补。

33）点击循环启动，自动加工工件。

34）加工完毕后，测量工件尺寸与实际尺寸的差值，然后在刀具磨损中修改差值，继续运行加工内孔的程序，直至内孔的尺寸合格为止。

35）加工完毕，卸下工件，打扫机床卫生。

任务3 评价并总结

请你对照评分表5.35和自己加工的工件，给自己一个正确的评价，并找出你在学习过程中遇到的问题及解决方法，认真总结。

表5.35 自我鉴定表

鉴定项目及标准	配 分	自 检	结 果	得 分	备 注
用试切法对刀	5				
两处 $\varnothing 50_{-0.039}^{\ 0}$	10				
$\varnothing 40_{-0.039}^{\ 0}$	10				
C2 三处	6				
$\varnothing 30_{-0.033}^{\ 0}$	10				
60°	5				
R2	5				
70°	10				
$\varnothing 20$	5				
4	5				
M24×1.5	10				
其余 30、10	4				
$60_{-0.046}^{\ 0}$	5				
精度检验及误差分析	10				
总结					

■ 项目九 球面短轴的加工 ■

☞**技能要求**

- 掌握轴套类零件的一般加工方法。
- 根据零件图合理编制加工工艺。
- 熟练掌握轴套件加工程序的编制、加工刀具的选择和加工操作方法。
- 能对加工质量进行分析，并能合理安排加工工艺。

仔细分析如图5.9所示的图纸，根据表5.36中给定的工具和毛坯，编写出最合理的程序，加工出合要求的工件。

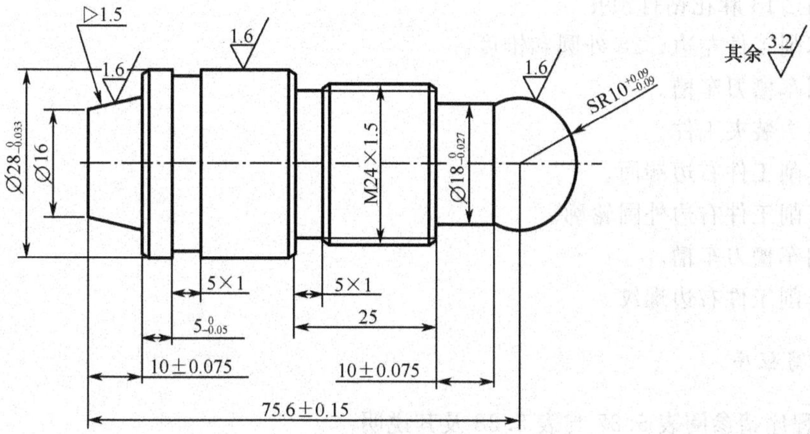

图 5.9　工件图示

表 5.36　工/量具准备通知单

分　类	名　称	尺寸规格	数　量	备　注
材料	45＃钢	Ø32×96	1 根	
刀具	93°外圆车刀（T01）	4mm	1 把	夹固式车刀
	切槽刀（T02）	20mm	1 把	
	螺纹刀（T03）	20mm	1 把	
工具	锉刀		1 套	修理工件
	铜片		若干	
	夹紧工具		1 套	
	刷子		1 把	
	油壶		1 把	
	清洗油		若干	
量具	0～150mm 游标卡尺		1 把	
	25～50mm 外径千分尺		1 把	
	0～25mm 外径千分尺		1 把	
其他	草稿纸		适量	
	计算器			
	工作服			
	护目镜			

◀◀◀ 任　务

任务 1　编写程序

1. 工艺分析

1）车削工件左边端面。

2）用∅18 麻花钻打预孔。
3）车削工件左边∅28 外圆和锥度。
4）用车槽刀车槽。
5）掉头装夹工件。
6）车削工件右边端面。
7）车削工件右边外圆轮廓。
8）用车槽刀车槽。
9）车削工件右边螺纹。

2. 编写程序

编制程序请参阅表 5.37 与表 5.38 及其说明。

表 5.37 工件左边加工程序

程序段号	程序内容	说　明
N10	%	程序开始符
N20	O0001；	程序号
N30	T0101；	调用 93°外圆车刀
N40	G97G99G40M03S800	主轴正转，转速 800r/min
N50	G00X34.0Z2.0；	快速进给至加工起始点
N60	G71U2.0R1.0；	外圆粗加工循环
N70	G71P80Q140U0.5W0.02F0.3；	外圆粗加工循环
N80	G01X16.0；	循环开始点 X
N90	Z0；	循环开始点 Z
N100	X20.0Z-10.0；	锥度 1∶5
N110	X26.0；	端面
N120	X28.0Z-11.0；	C1 倒角
N130	Z-40.0；	外圆∅28
N140	X34.0；	退刀
N150	G00X100.0Z100.0；	快速退刀
N160	M05；	主轴停转
N170	M00；	程序暂停
N180	M03S1000；	主轴正转，转速 1000r/min
N190	T0101；	调用 90°外圆车刀
N200	G00X34.0Z5.0；	快速进给至加工起始点
N210	G70P80Q140U0W0F0.2；	精加工循环
N220	G00X100.0Z100.0；	快速退刀
N230	M05；	主轴停转
N240	M00；	程序暂停
N250	M03S400；	主轴正转，转速 400r/min

续表

程序段号	程序内容	说　明
N260	T0202；	调用车槽刀
N270	G00X34.0Z2.0；	循环点
N280	G01Z-20.0F0.3	车槽第一刀进刀点
N290	X26.0F0.1	车槽
N300	X34.0F0.3	车槽退刀
N310	G01Z-19.0F0.3	车槽第二刀进刀点
N320	X26.0F0.1	车槽
N330	X34.0F0.3	车槽退刀
N340	G00X100.0Z100.0；	快速退刀
N350	M05；	主轴停转
N360	M30；	程序结束
N370	%	程序结束符

表 5.38　工件右边加工程序

程序段号	程序内容	说　明
N10	%	程序开始符
N20	O0002；	程序号
N30	T0101；	调用 93°外圆车刀
N40	G97G99G40M03S800	主轴正转，转速 800r/min
N50	G00X34.0Z2.0；	快速进给至加工起始点
N60	G71U1.0R1.0；	外圆粗加工循环
N70	G71P80Q160U0.5W0.02F0.2；	外圆粗加工循环
N80	G01X0；	循环开始点 X
N90	Z0；	循环开始点 Z
N100	G03X18.0Z-14.359R10.0；	R10 的圆弧面
N110	G01Z-24.359；	外圆∅18
N120	X21.80；	∅21.80 的端面
N130	X23.8Z-25.359；	C1 倒角
N140	Z-49.359；	外圆∅23.8
N150	X26.0；	
N160	X28.0Z-50.359；	C1 倒角
N170	X34.0；	循环结束点
N180	G00X100.0Z100.0；	快速退刀
N190	M05；	主轴停转
N200	M00；	程序暂停
N210	M03S1000；	主轴正转，转速 1000r/min
N220	T0101；	调用 93°外圆车刀

续表

程序段号	程序内容	说明
N230	G00X34.0Z2.0；	快速进给至加工起始点
N240	G70P80Q100U0W0F0.2；	精加工循环
N250	G00X100.0Z100.0；	快速退刀
N260	M05；	主轴停转
N270	M00；	程序暂停
N280	M03S400；	主轴正转，转速 400r/min
N290	T0202；	调用车槽 T02 刀
N300	G00X30.0Z2.0；	车槽的安全点
N310	G01 Z-49.359F0.3	中速进给至加工起始点
N320	G01X22.0F0.1；	第一刀车槽慢进
N330	X26.0F0.3；	车槽中退
N340	G01 Z-48.359F0.3	中速进给至加工起始点
N350	G01X22.0F0.1；	第二刀车槽慢进
N360	X24.0F0.3	
N370	Z-48.359F0.3；	车槽中退
N380	X22.0Z-49.359F0.1；	车 C1 倒角
N390	X26.0F0.3；	车槽中退
N400	G00X100.0Z100.0；	快速退刀
N410	M05；	主轴停转
N420	M00；	程序暂停
N430	T0303；	调用螺纹刀
N440	M03S500；	主轴正转，转速 500r/min
N450	G00X30.0Z-19.359；	快速移动到车螺纹进刀点
N460	G92X23.8Z-46.359.0F1.5；	螺纹加工第一刀
N470	X23.5；	螺纹加工第二刀
N480	X23.0；	螺纹加工第三刀
N490	X22.5；	螺纹加工第四刀
N500	X22.15；	螺纹加工第五刀
N510	X22.05；	螺纹加工第六刀
N520	X22.05；	螺纹加工第七刀
N530	G00X100.0Z100.0；	快速退刀
N540	M05；	主轴停止
N550	M30；	程序结束
N560	%	程序结束符

任务2 加工工件

加工工件的步骤如下。

1）开启机床。

2）安装刀具和毛坯。

3）将车削左边的粗加工程序输入。

4）对刀。

5）设置刀补。

6）点击循环启动，自动加工工件。

7）加工完毕后，测量工件尺寸与实际尺寸的差值，然后在刀具磨损中修改差值。

8）将车削左边的精加工程序输入。

9）点击循环启动，进行精加工。

10）重复第7）～9）步骤，直至工件尺寸合格为止。

11）输入槽加工的程序。

12）设置刀补。

13）点击循环启动，自动加工工件。

14）加工完毕后，测量工件尺寸与实际尺寸的差值，然后在刀具磨损中修改差值，继续运行加工内孔的程序，直至内孔的尺寸合格为止。

15）输入加工槽的程序。

16）点击循环启动，自动加工工件。

17）加工完毕后，测量工件尺寸与实际尺寸的差值，然后在刀具磨损中修改差值，继续运行加工槽的程序，直至槽的尺寸合格为止。

18）掉头，夹住工件$\varnothing$28外圆处。

19）输入车削右边外圆的粗加工程序。

20）对刀。

21）设置刀补。

22）点击循环启动，自动加工工件。

23）加工完毕后，测量工件尺寸与实际尺寸的差值，然后在刀具磨损中修改差值。

24）将车削左边外圆的精加工程序输入。

25）点击循环启动，进行精加工。

26）重复第23）～25）步骤，直至工件尺寸合格为止。

27）输入槽加工的程序。

28）设置刀补。

29）点击循环启动，自动加工工件。

30）加工完毕后，测量工件尺寸与实际尺寸的差值，然后在刀具磨损中修改差值，继续运行加工槽的程序，直至内孔的尺寸合格为止。

31）输入加工螺纹的程序。

32）设置刀补。

33）点击循环启动，自动加工工件。

34）加工完毕后，测量工件尺寸与实际尺寸的差值，然后在刀具磨损中修改差值，继续运行加工螺纹的程序，直至螺纹的尺寸合格为止。

35）加工完毕，卸下工件，打扫机床卫生。

任务3 评价并总结

请你对照评分表5.39和自己加工的工件，给自己一个正确的评价，并找出你在学习过程中遇到的问题及解决方法，认真总结。

表5.39 自我鉴定表

鉴定项目及标准	配分	自检	结果	得分	备注
用试切法对刀	5				
两处$\varnothing 18_{-0.027}^{0}$	10				
$\varnothing 18\pm 0.09$	10				
C1四处（未注倒角C1）	6				
$\varnothing 30_{-0.033}^{0}$	10				
锥度1∶5	5				
两处10 ± 0.075	10				
$\varnothing 16$	5				
两处5×1	5				
M24×1.5	10				
其余25	4				
75.6 ± 0.15	10				
精度检验及误差分析	10				
总结					

■ 项目十 轴套类零件及其锥套配合件的加工 ■

☞技能要求

- 掌握轴套类零件的一般加工方法。
- 根据装配图和零件图合理编制加工工艺。
- 熟练掌握锥套配合件加工程序的编制、加工刀具的选择和加工操作方法。
- 能对加工质量进行分析，并能合理安排加工工艺。

仔细分析如图5.10～图5.13所示的图纸，根据表5.40中给定的工具和毛坯，编写出最合理的程序，加工出合要求的工件。

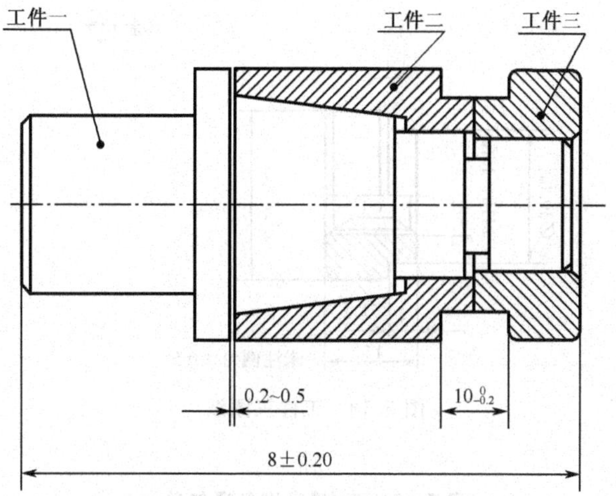

图 5.10　加工轴套类零件及其锥套类配件

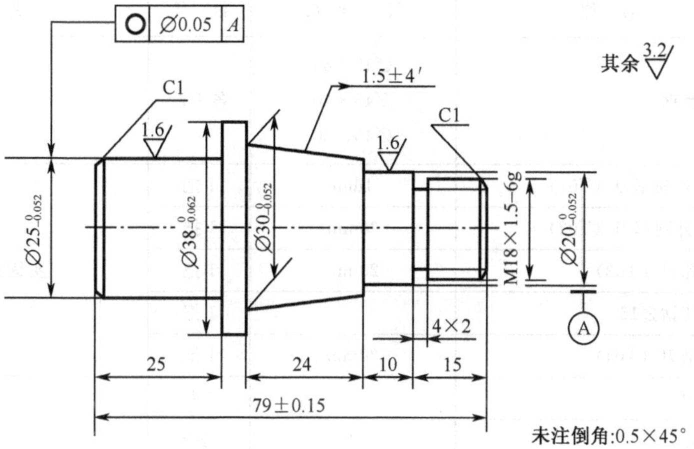

毛坯:Ø45×85,Ø45×40,Ø45×20;材料45#钢

图 5.11　工件一图纸

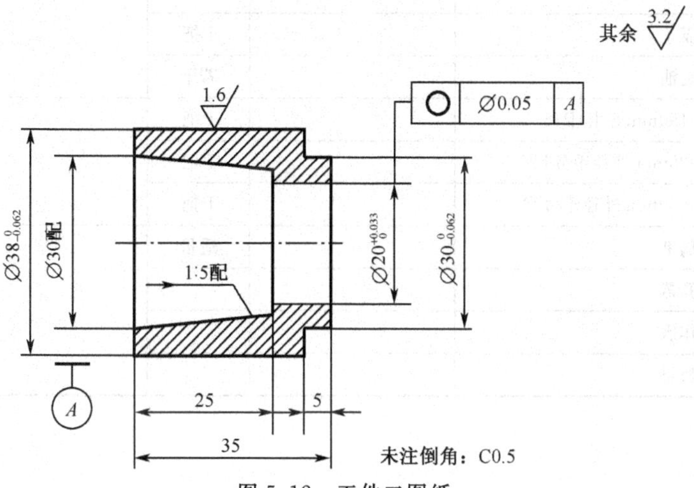

图 5.12　工件二图纸

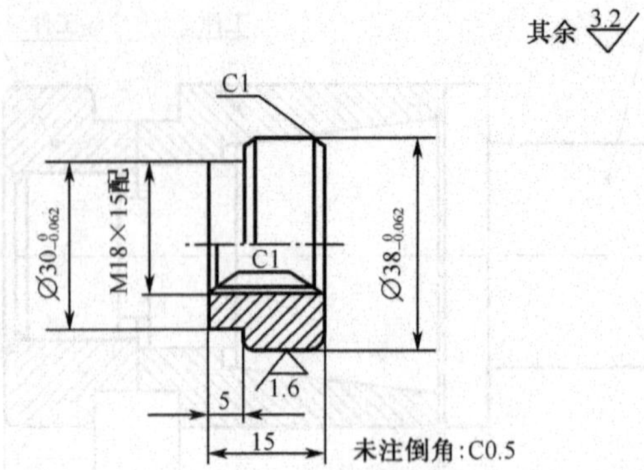

图 5.13　工件三图纸

表 5.40　工/量具准备通知单

分　类	名　称	尺寸规格	数　量	备　注
材料	45＃钢	Ø45×85 Ø45×40 Ø45×20	各 1 根	
刀具	90°外圆车刀（T01）	4mm	1 把	夹固式车刀
	93°外圆车刀（T02）	20mm	1 把	
	镗孔刀（T03）	20mm	1 把	
	麻花钻Ø16		1 把	
	切槽刀（T04）	20mm	1 把	
工具	锉刀		1 套	修理工件
	铜片		若干	
	夹紧工具		1 套	
	刷子		1 把	
	油壶		1 把	
	清洗油		若干	
量具	0～150mm 游标卡尺		1 把	
	0～25mm 外径千分尺		1 把	
	25～50mm 外径千分尺		1 把	
其他	草稿纸		适量	
	计算器			
	工作服			
	护目镜			

任务

任务1　编写程序

1. 工艺分析

(1) 工件一
1) 车削工件左边端面。
2) 车削工件右边∅25 外圆和∅38 外圆。
3) 掉头，夹住∅25 外圆处。
4) 车削工件右边∅20 和锥度。
5) 车削工件右边槽。
(2) 工件二
1) 车削工件右边端面。
2) 车削工件右边轮廓面。
3) 打工件预孔∅16。
4) 掉头，夹住∅38 外圆处。
5) 镗工件左边∅20 内孔和锥孔。
(3) 工件三
1) 车削工件左边外轮廓面。
2) 打工件预孔∅16。
3) 镗工件左边∅18 内孔。
4) 车削工件右边 M18×1.5 螺纹。

2. 编写程序

编制程序请参阅表 5.41～表 5.46 及其说明。

表 5.41　工件一左边加工程序

程序段号	程序内容	说　明
N10	%	程序开始符
N20	O0001;	程序号
N30	T0101;	调用 93°外圆车刀
N40	G97G99G40M03S800	主轴正转，转速 800r/min
N50	G00X42.0Z5.0;	快速进给至加工起始点
N60	G71U2.0R1.0;	外圆粗加工循环
N70	G71P80Q140U0.5W0.02F0.3;	外圆粗加工循环
N80	G01X23.0;	循环开始点 X
N90	Z0;	循环开始点 Z
N100	X25.0Z-1.0;	锥度 C1

续表

程序段号	程序内容	说　明
N110	Z-25.0；	外圆∅25
N120	X38.0；	台阶
N130	Z-35.0；	外圆∅38
N140	X42.0；	循环结束点
N150	G00X100.0Z100.0；	快速退刀
N160	M05；	主轴停转
N170	M00；	程序暂停
N180	M03S1000；	主轴正转，转速 1000r/min
N190	T0101；	调用 90°外圆车刀
N200	G00X42.0Z5.0；	快速进给至加工起始点
N210	G70P80Q140U0W0F0.2；	精加工循环
N220	G00X100.0Z100.0；	快速退刀
N230	M05；	主轴停转
N240	M30；	程序结束
N250	%	程序结束符

表 5.42　工件一右边加工程序

程序段号	程序内容	说　明
N10	%	程序开始符
N20	O0002；	程序号
N30	T0101；	调用 93°外圆车刀
N40	G97G99G40M03S800	主轴正转，转速 800r/min
N50	G00X42.0Z5.0；	快速进给至加工起始点
N60	G71U1.0R1.0；	粗车循环
N70	G71P80Q160U-0.5W0.02F0.2；	粗车循环
N80	G01X16.0；	循环开始点 X
N90	Z0；	循环开始点 Z
N100	X17.8Z-1.0；	锥度 C1
N110	Z-15.0；	外圆∅17.8
N120	X20.0；	台阶
N130	Z-25.0；	外圆∅20
N140	X25.2；	快速退刀
N150	X30.0Z-49.0；	锥度
N160	X42.0；	循环结束点
N170	G00X100.0Z100.0；	快速退刀
N180	M05；	主轴停转

续表

程序段号	程序内容	说 明
N190	M00；	程序暂停
N200	M03S1000；	主轴正转，转速 1000r/min
N210	T0101；	调用 90°外圆车刀
N220	G00X42.0Z5.0；	快速进给至加工起始点
N230	G70P80Q160U0W0F0.2；	精加工循环
N240	G00X100.0Z100.0；	快速退刀
N250	M05；	主轴停转
N260	M00；	程序暂停
N270	M03S400；	主轴正转，转速 400r/min
N280	T0202；	调用车槽 T02 刀
N290	G00X22.0Z-15.0；	快速进给至加工起始点
N300	G01X14.0F0.1；	车槽慢进
N310	X22.0F0.3；	车槽中退
N320	G00X100.0Z100.0；	快速退刀
N330	M05；	主轴停转
N340	M00；	程序暂停
N350	M03S500；	主轴正转，转速 500r/min
N360	T0404	调用螺纹刀 T04
N370	G00X20.0Z5.0；	快速移动到车螺纹进刀点
N380	G92X17.5Z-13.0F1.5；	螺纹加工第一刀
N390	X17.0；	螺纹加工第二刀
N400	X16.5；	螺纹加工第三刀
N410	X16.05；	螺纹加工第四刀
N420	X16.05；	螺纹加工第五刀
N430	G00X100.0Z100.0；	快速退刀
N440	M05；	主轴停止
N450	M30；	程序结束
N460	%	程序结束符

表 5.43 工件二外轮廓加工程序

程序段号	程序内容	说 明
N10	%	程序开始符
N20	O0003；	程序号
N30	T0101；	调用 93°外圆车刀
N40	G97G99G40M03S800	主轴正转，转速 800r/min
N50	G00X42.0Z5.0；	快速进给至加工起始点

续表

程序段号	程序内容	说 明
N60	G71U2.0R1.0;	外圆粗加工循环
N70	G71P80Q120U0.5W0.02F0.3;	外圆粗加工循环
N80	G01X30.0;	循环开始点 X
N90	Z-5.0;	循环开始点 Z
N100	X38.0;	台阶
N110	Z-35.0;	外圆∅38
N120	X42.0;	循环结束点
N130	G00X100.0Z100.0;	快速退刀
N140	M05;	主轴停转
N150	M00;	程序暂停
N160	M03S1000;	主轴正转，转速 1000r/min
N170	T0101;	调用 90°外圆车刀
N180	G00X42.0Z5.0;	快速进给至加工起始点
N190	G70P80Q120U0W0F0.2;	精加工循环
N200	G00X100.0Z100.0;	快速退刀
N210	M03S1000;	主轴正转，转速 1000r/min
N220	M05;	主轴停转
N230	M30;	程序结束
N240	%	程序结束符

表 5.44 工件二左边加工程序

程序段号	程序内容	说 明
N10	%	程序开始符
N20	O0004	程序号
N30	T0303;	调用镗孔车刀 T03
N40	G97G99G40M03S800	主轴正转，转速 800r/min
N50	G00X18.0Z5.0;	快速进给至加工起始点
N60	G71U1.0R1.0;	镗孔粗加工循环
N70	G71P80Q130U-0.5W0.02F0.3;	镗孔粗加工循环
N80	G01X30.0;	循环开始点 X
N90	Z0;	循环开始点 Z
N100	X25.0Z-25.0;	镗锥孔
N110	X20.0;	台阶
N120	Z-35.0;	镗孔∅20
N130	X18.0;	循环结束点
N140	G00X100.0Z100.0;	快速退刀

续表

程序段号	程序内容	说 明
N150	M05；	主轴停转
N160	M00；	程序暂停
N170	M03S1000；	主轴正转，转速 1000r/min
N180	T0303；	调用镗孔车刀 T03
N190	G00X18.0Z5.0；	循环开始点
N200	G70P10Q20U0W0F0.1；	镗孔精加工循环
N210	G00X100.0Z100.0；	快速退刀
N220	M05	主轴停转
N230	M30；	程序结束
N240	%	程序结束符

表 5.45 工件三外圆加工程序

程序段号	程序内容	说 明
N10	%	程序开始符
N20	O0005；	程序号
N30	T0101；	调用外圆车刀 T01
N40	G97G99G40M03S800	主轴正转，转速 800r/min
N50	G00X42.0Z5.0；	快速进给至加工起始点
N60	G71U2.0R1.0；	镗孔粗加工循环
N70	G71P80Q140U-0.5W0.02F0.3；	镗孔粗加工循环
N80	N10G01X30.0；	循环开始点 X
N90	Z-5.0；	循环开始点 Z
N100	X36.0；	车端面
N120	X38.0Z-6.0；	锥度
N130	Z-15.0；	镗孔∅38
N140	X42.0；	循环结束点
N150	G00X100.0Z100.0；	快速退刀
N160	M05；	主轴停转
N170	M00；	程序暂停
N180	M03S1000；	主轴正转，转速 400r/min
N190	T0101；	调用外圆车刀 T01
N200	G00X42.0Z5.0；	循环开始点
N210	G70P80Q140U0W0F0.2；	镗孔精加工循环
N220	G00X100.0Z100.0；	快速退刀
N230	M30；	程序结束
N240	%	程序结束符

表 5.46　工件三内孔加工程序

程序段号	程序内容	说　明
N10	%	程序开始符
N20	O0006；	程序号
N30	T0303；	调用镗孔车刀 T03
N40	G97G99G40M03S800	主轴正转，转速 800r/min
N50	G00X42.0Z5.0；	快速进给至加工起始点
N60	G71U2.0R1.0；	镗孔粗加工循环
N70	G71P80Q120U-0.5W0.02F0.3；	镗孔粗加工循环
N80	G01X18.0；	循环开始点 X
N90	Z0；	循环开始点 Z
N100	X16.0Z-1.0；	车削 C1 倒角
N110	Z-15.0；	镗 Φ16 孔
N120	X14.0；	退刀
N130	G00X100.0Z100.0；	快速退刀
N140	T0303	调用螺纹车刀 T03
N150	G00X14.0Z5.0；	循环开始点
N160	G70P80Q120U0W0F0.2；	镗孔精加工循环
N170	G00X100.0Z100.0；	快速退刀
N180	M05；	主轴停转
N190	M00；	主轴暂停
N200	M03S500；	主轴正转，转速 500r/min
N210	T0404；	调用螺纹车刀 T04
N220	G00X14.0Z5.0；	退刀
N230	G92X16.55Z-16.0F1.5；	车削螺纹第一刀
N240	X17.05；	车削螺纹第二刀
N250	X17.55；	车削螺纹第三刀
N260	X18.0；	车削螺纹第四刀
N270	X18.0；	车削螺纹第五刀
N280	G00X100.0Z100.0；	快速退刀
N290	M05；	主轴停转
N300	M30	程序结束
N310	%	程序结束符

任务 2　加工工件

加工工件的步骤如下。

（1）工件一

1）开启机床。

2）安装刀具和毛坯。

3）将车削右边的粗加工程序输入。

4）对刀。

5）设置刀补。

6）点击循环启动，自动加工工件。

7）加工完毕后，测量工件尺寸与实际尺寸的差值，然后在刀具磨损中修改差值。

8）将车削左边的精加工程序输入。

9）点击循环启动，进行精加工。

10）重复第 7）～9）步骤，直至工件尺寸合格为止。

11）掉头，夹住工件∅25 外圆处。

12）将车削右边的粗加工程序输入。

13）对刀。

14）设置刀补。

15）点击循环启动，自动加工工件。

16）加工完毕后，测量工件尺寸与实际尺寸的差值，然后在刀具磨损中修改差值。

17）将车削左边的精加工程序输入。

18）点击循环启动，进行精加工。

19）重复第 16）～18）步骤，直至工件尺寸合格为止。

20）输入加工槽的程序。

21）点击循环启动，自动加工工件。

22）加工完毕后，测量工件尺寸与实际尺寸的差值，然后在刀具磨损中修改差值，继续运行加工槽的程序，直至槽的尺寸合格为止。

23）输入加工螺纹的程序。

24）设置刀补。

25）点击循环启动，自动加工工件。

26）加工完毕后，测量工件尺寸与实际尺寸的差值，然后在刀具磨损中修改差值，继续运行加工螺纹的程序，直至螺纹的尺寸合格为止。

27）重复第 24）～26）步骤，直至工件尺寸合格为止。

28）加工完毕，卸下工件。

（2）工件二

1）开启机床。

2）安装刀具和毛坯。

3）将车削右边的粗加工程序输入。

4）对刀。

5）设置刀补。

6）点击循环启动，自动加工工件。

7）加工完毕后，测量工件尺寸与实际尺寸的差值，然后在刀具磨损中修改差值。

8）将车削左边的精加工程序输入。

9）点击循环启动，进行精加工。

10）重复第7）～9）步骤，直至工件尺寸合格为止。

11）掉头，夹住工件∅38外圆处。

12）将车削左边的外轮廓粗加工程序输入。

13）对刀。

14）设置刀补。

15）点击循环启动，自动加工工件。

16）加工完毕后，测量工件尺寸与实际尺寸的差值，然后在刀具磨损中修改差值。

17）将车削左边的精加工程序输入。

18）点击循环启动，进行精加工。

19）重复第16）～18）步骤，直至工件尺寸合格为止。

20）将车削左边的镗孔粗加工轮廓程序输入。

21）对刀。

22）设置刀补。

23）点击循环启动，自动加工工件。

24）加工完毕后，测量工件尺寸与实际尺寸的差值，然后在刀具磨损中修改差值。

25）将车削左边的精加工程序输入。

26）点击循环启动，进行精加工。

27）重复第22）～26）步骤，直至工件尺寸合格为止。

28）加工完毕，卸下工件。

（3）工件三

1）开启机床。

2）安装刀具和毛坯。

3）将车削左边的外轮廓粗加工程序输入。

4）对刀。

5）设置刀补。

6）点击循环启动，自动加工工件。

7）加工完毕后，测量工件尺寸与实际尺寸的差值，然后在刀具磨损中修改差值。

8）将车削左边的精加工程序输入。

9）点击循环启动，进行精加工。

10）重复第7）～9）步骤，直至工件尺寸合格为止。

11）掉头，夹住工件∅38外圆处。

12）将车削左边的镗孔粗加工轮廓程序输入。

13）对刀。

14）设置刀补。

15）点击循环启动，自动加工工件。

16）加工完毕后，测量工件尺寸与实际尺寸的差值，然后在刀具磨损中修改差值。

17）将车削左边的精加工程序输入。

18）点击循环启动，进行精加工。

19）重复第 14）～18）步骤，直至工件尺寸合格为止。

20）将车削内螺纹程序输入。

21）对刀。

22）设置刀补。

23）点击循环启动，自动加工工件。

24）加工完毕后，测量工件尺寸与实际尺寸的差值，然后在刀具磨损中修改差值。

25）将车削左边的精加工程序输入。

26）点击循环启动，进行精加工。

27）重复第 22）～26）步骤，直至工件尺寸合格为止。

28）加工完毕，卸下工件。

任务 3 评价并总结

请你对照评分表 5.47～表 5.49 和自己加工的工件，给自己一个正确的评价，并找出你在学习过程中遇到的问题及解决方法，认真总结。

表 5.47 工件一加工自我鉴定表

鉴定项目及标准	配 分	自 检	结 果	得 分	备 注
用试切法对刀	10				
$\varnothing 38_{-0.062}^{0}$	10				
$\varnothing 30_{-0.052}^{0}$	10				
C1（两处）	5				
$\varnothing 14$	5				
$\varnothing 25_{-0.052}^{0}$	10				
$\varnothing 20_{-0.052}^{0}$	10				
4	5				
M18×1.5	15				
79±0.15	10				
精度检验及误差分析	10				
总结					

表 5.48 工件二加工自我鉴定表

鉴定项目及标准	配 分	自 检	结 果	得 分	备 注
用试切法对刀	10				
$\varnothing 38_{-0.062}^{0}$	10				
$\varnothing 30_{-0.052}^{0}$	10				
25	5				
$\varnothing 30$ 配	10				
$\varnothing 20_{0}^{+0.033}$	10				

续表

鉴定项目及标准	配分	自检	结果	得分	备注
5	5				
1∶5配	15				
35±0.15	10				
精度检验及误差分析	15				
总结					

表 5.49 工件三加工自我鉴定表

鉴定项目及标准	配分	自检	结果	得分	备注
用试切法对刀	10				
$\varnothing 38_{-0.062}^{0}$	15				
$\varnothing 30_{-0.062}^{0}$	15				
C1（两处）	10				
5	10				
M18×1.5	15				
15±0.15	10				
精度检验及误差分析	15				
总结					

模块六

其他数控车床系统简介

本模块主要认识几种数控车削系统操作面板，掌握典型数控车床系统的基本操作方法，并掌握几种数控系统的联系和区别。

知识目标

- 了解广州 GSK9807 数控车床面板。
- 了解 STEMENS 802S/S 数控车床面板。
- 了解华中世纪星 HNC21T 数控车床面板。

技能目标

- 通过对照和分析，掌握几种常用数控车床系统的操作面板。
- 掌握几种常用数控车床系统的区别和联系。

■ 项目一　广州数控 GSK980T 面板操作 ■

任 务

任务 1　GSK980T 数控车床系统面板及功能

GSK980T 数控车床系统的面板如图 6.1 和图 6.2 所示；键盘按键功能如表 6.1 和表 6.2 所示。

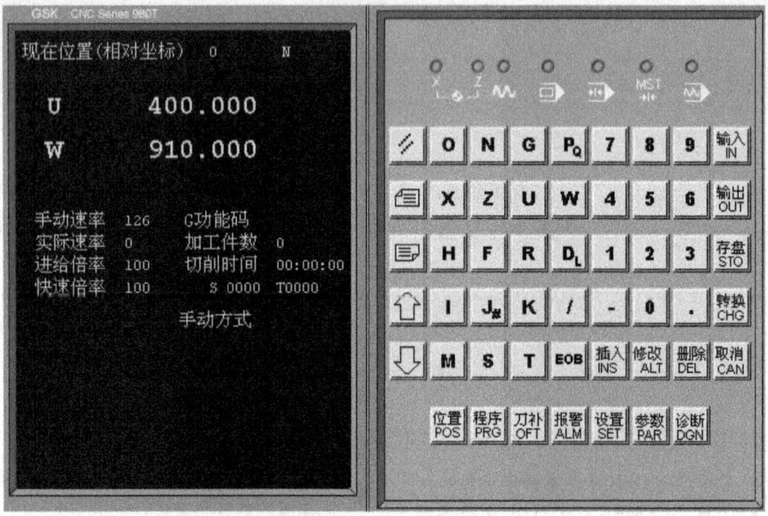

图 6.1　CRT 及键盘

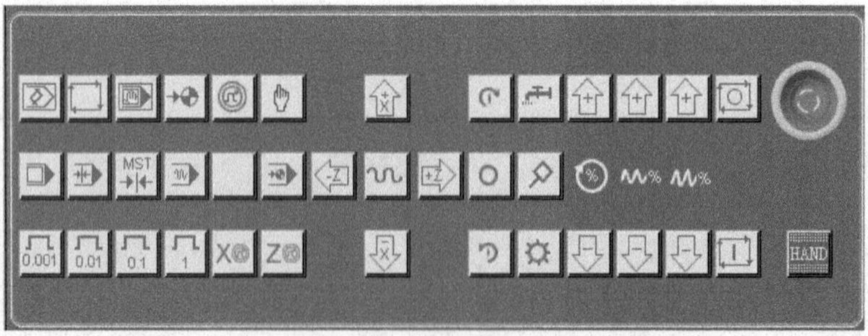

图 6.2　操作面板

表 6.1　键盘按键功能

按　键	功　能	按　键	功　能
	复位键，用于解除报警、复位	0 7	地址/数字键
输入 IN	输入键，用于输入补偿量、MDI 方式下的程序段指令	输出 OUT	从 RS232 接口输出文件启动。在 VNUC 中无用

续表

按 键	功 能	按 键	功 能
存盘 STO	存盘键，用于保存新程序	转换 CHG	转换键。在 VNUC 中无用
插入 INS	插入键，用于程序建立和编辑过程中的数据插入	修改 ALT	修改键，用于程序建立和编辑过程中的数据修改
删除 DEL	删除键，用于程序建立和编辑过程中的数据删除	EOB	分号键，用于程序建立和编辑过程中的生成分号，并换行
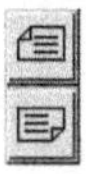	翻页键		光标移动键，用于使光标上移或下移一个字
位置 POS	位置键，用于使显示屏显示现在位置。共有四页：相对、绝对、总和、位置/程序，通过翻页键转换	程序 PRG	程序键，用于显示程序和对其进行编辑。共有三页：程序、MDI/模、目录/存储量，通过翻页键转换
刀补 OFT	刀补键，用于显示和设定刀具偏置值，共两页，通过翻页键转换	报警 ALM	报警键，用于显示报警信息。在 VNUC 中无用
设置 SET	设置键，用于设置显示及加工轨迹图形。在 VNUC 中无用	参数 PAR	参数键，用于显示和设定参数。在 VNUC 中无用
诊断 DGN	诊断键，用于显示诊断信息和软键盘机床面板。在 VNUC 中无用		

表 6.2 操作面板按键功能

图 标	键 名	图 标	键 名
	编辑方式按钮	0.001 0.01 0.1 1	空运行按钮
	自动加工方式按钮	X Z	返回程序起点按钮
	录入方式按钮		单步/手轮移动量按钮
	回参考点按钮	HAND	手摇轴选择
	单步方式按钮		紧急开关
	手动方式按钮		手轮方式切换按钮
	单程序段按钮		辅助功能锁住
	机床锁住按钮		

任务 2 手动操作

1. 手动返回机床参考点

操作方法如下。

1）按机械回零键。

2）分别按移动轴键、，机床沿选择轴方向移动。

3）当轴返回机床参考点后，相应轴的参考点指示灯亮。当两轴都返回参考点后，参考点指示灯均亮，如所示。

2. 手动返回程序起点

操作方法如下。

1）按程序起点键。

2）分别按移动轴键、，机床沿程序起点方向移动。

3）当返回程序起点后，相应轴的参考点指示灯亮。当两轴都返回后，指示灯均亮，如所示。

3. 手动连续进给

操作方法如下。

1）按手动方式键，屏幕右下角显示文字“手动方式”。

2）按进给倍率，调整机床移动速度。每按一下向上按键，倍率增加10%；每按一下向下按键，倍率递减10%。

3）按住或键，X轴产生正向或负向连续移动。

4）按住、键，Z轴产生正向或负向连续移动。

4. 快速进给

操作方法如下。

1）按手动方式键，屏幕右下角显示文字“手动方式”。

2）当按下坐标移动轴中间的快速进给键后，机床面板上的快速进给指示灯亮，这时可使刀具在选择的方向轴上快速进给。

3）通过快速进给倍率，调整机床移动速度。每按一下向上按键，倍率增加6000；每按一下向下按键，倍率递减6000。

4）按住或按键，X轴产生正向或负向快速连续移动。

5）按住、按键，Z轴产生正向或负向快速连续移动。

6）再按一下快速进给键，快速进给指示灯灭，可以取消快速进给。

5. 单步进给

操作方法如下。

1）按单步方式键，这时屏幕右下角显示文字“单步方式”。

2）按增量选择键，选择移动增量。显示窗口中的“单步增量”一栏将显示当前选择的增量值。

3）按一下或按键，X 轴将向正向或负向移动一个增量值。

4）按下、按键，Z 轴向正向或负向移动一个增量值。

6. 手动换刀

当刀架上安装了两把以上刀后，可以使用“换刀”功能来切换不同的刀。操作方法如下。

1）按下手动键或单步键，选择手动或单步方式。

2）按下换刀键。

3）刀架旋转，换到下一个刀位。显示窗口的右下方显示当前的刀位号。

7. 主轴运转操作

操作方法如下。

1）按下手动键，选择手动方式。

2）设定主轴转速。

3）选择执行下列三者之一。

- 按下“主轴正转”键，主轴以机床参数设定的转速正转。
- 按下“主轴停”键，主轴停止运转。
- 按下“主轴反转”键，主轴以机床参数设定的转速反转。

8. 主轴倍率修调

主轴正转和反转的速度可通过主轴倍率修调来调整。

每按一次增加键，主轴倍率递增 10%；每按一次减少键，主轴倍率递减 10%。

9. MDI 运行

MDI 运行是指从面板上输入一个程序段指令，并执行该程序段。

例如，要执行“X10 Z-200”，操作步骤如下。

1）按录入方式键，屏幕右下角显示文字“录入方式”。

2）按程序键。

3）按翻页键，直到显示窗口显示含有“程序段值”的界面，如图 6.3 所示。

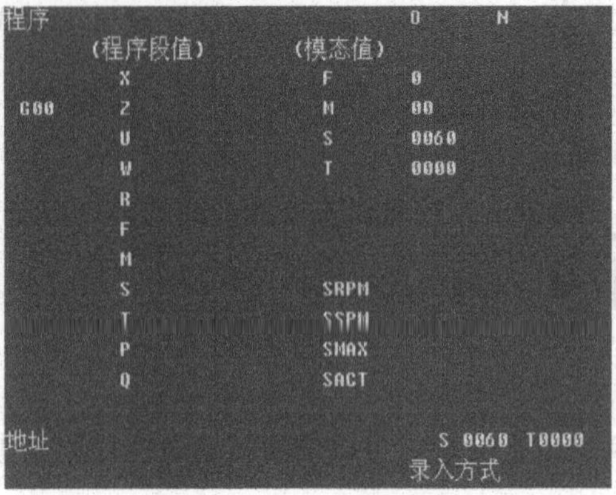

图 6.3 显示“程序段值”

4）键入 X10。键入的值显示在屏幕的输入缓冲区（图 6.4 中线圈包围的区域）。这时如果输入错误，可以按取消键进行删除。

5）按输入键。屏幕上显示刚输入的数值，如图 6.5 所示。一旦按了输入键，就不能用取消键删除错误了。如果这时需要修改错误，可重复第 4 与第 5 步操作，即键入正确数值，然后按输入键。

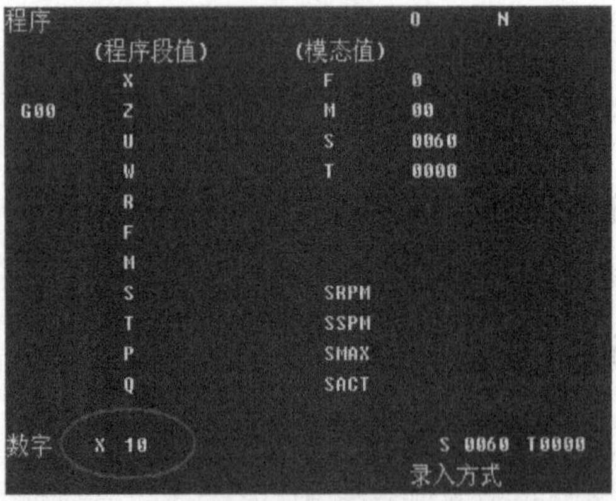

图 6.4 键入 X10

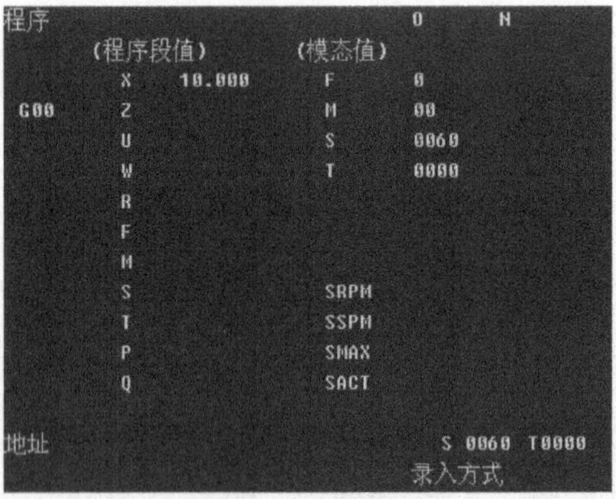

图 6.5 输入确认

6）键入 Z-200，然后按输入键。屏幕显示如图 6.6 所示。

7）按循环起动键。机床执行程序段指令。

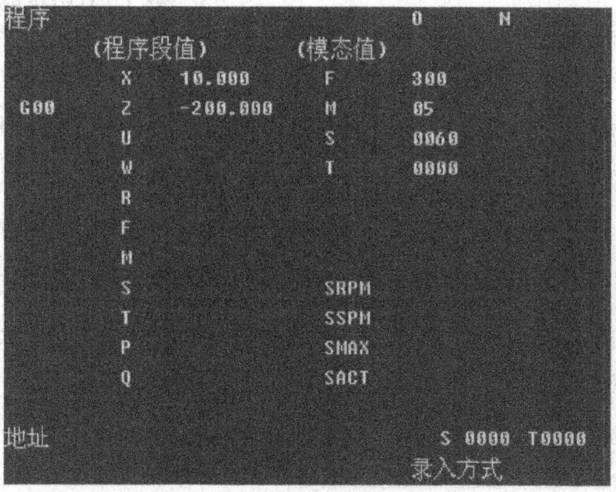

图 6.6 输入 Z-200

任务 3 程序编辑

1. 进入程序编辑状态

程序的编辑和程序内容的编辑，都是在“编辑”状态下进行的。如果系统当前处于其他操作状态下，请按机床操作面板上的编辑键，进入编辑操作方式，这时显示窗口右下方显示文字“编辑方式”。

2. 建立新程序

操作步骤如下。

1）在编辑方式状态下，按显示页面键中的程序键 程序 PRG。

2）输入地址 O。

3）输入程序号。

4）按 EOB 键 EOB。

5）输入程序内容。输入内容后，按 EOB 键，程序换行；按 INS 键 插入 INS，不换行。

6）按存盘键 存盘 STO，弹出 Windows“保存文件”对话框，输入新程序名称，然后按“保存”键，即可将该程序保存在电脑中。

例如，要建立如下程序：

```
O0050
N1234X100.0Z20.0
S02
N5678M03
M30
```

则操作步骤和结果如下。

1）按程序键 程序 PRG。

2）按控制面板上的字母和数字键，输入程序名“O0050”。

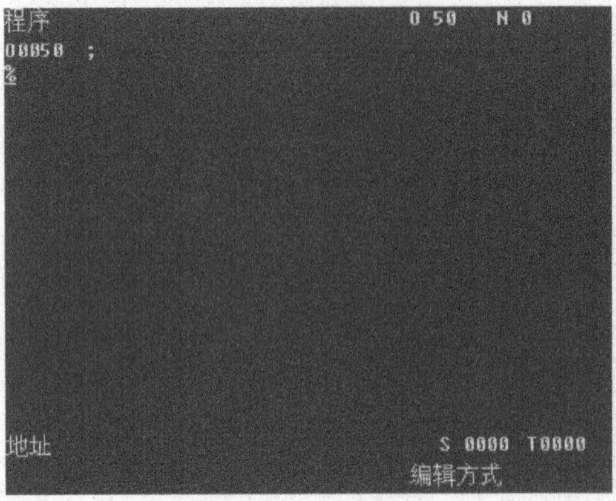

图 6.7 准备输入程序

3）按 EOB 键。

4）系统会自动换行，并生成程序结束符%，如图 6.7 所示。

5）按控制面板上的字母和数字键，开始输入程序内容。在点击了 N、1、2、3、4 各键后，按插入键。按插入键能使输入的内容显示在同一行上。

6）再按 X、1、0、0、.、0 各键，按插入键。

7）按 Z、2、0、.、0 各键，按 EOB 键，自动换行并且光标移到下一行，如图 6.8 所示。

8）按上述方法，完成后三行的输入。

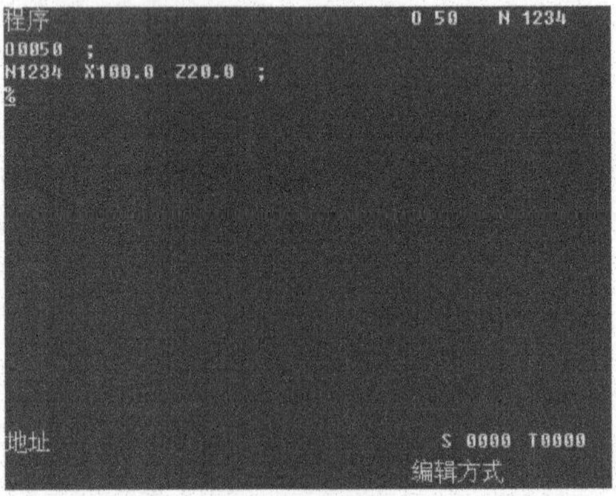

图 6.8 输入一行

3. 编辑程序

在进入编辑状态、程序被打开后，可以执行字的插入、修改和删除等功能，对程序进行编辑。

1）插入。按中的向上或向下键，将光标移到需要插入字符的位置，输入数据，然后按插入键。

2）删除。使用上、下光标键，将光标落在需要删除的字符上，按 Delete 键，删除错误的内容。

3）替换。使用上、下光标键，将光标落在需要替换的字符上，输入新的数据，然后按替换键。

任务 4 数据设置

1. 设置刀补数据

设置刀补数据时，请不要设置 0 号刀，而要从 1 号刀开始设置。设置方法如下。

1）在“编辑方式”下，按下刀补键。

2）使用上、下光标键，使光标移到需要设置的行。

3）按地址键 X 或 Z，再按数据键，输入补偿值。

4）按输入键，该数据就会显示在窗口中。

2. 设置 G50 指令

G50 指令用于定义工件坐标系，可将刀尖当前位置设置为工件原点。

在设置 G50 之前，先要进行对刀操作，例如通过试切法，使刀尖处于要建立的工件坐标系的原点位置，然后就可以设置 G50。设置 G50 的步骤如下。

1）按下录入键，选择录入工作方式。

2）按下程序键，使屏幕上显示程序页面，按翻页键直到显示屏如图 6.9 所示显示。

3）使用字母、数字键，输入 G50。

4）按输入键，屏幕上的 G00 变

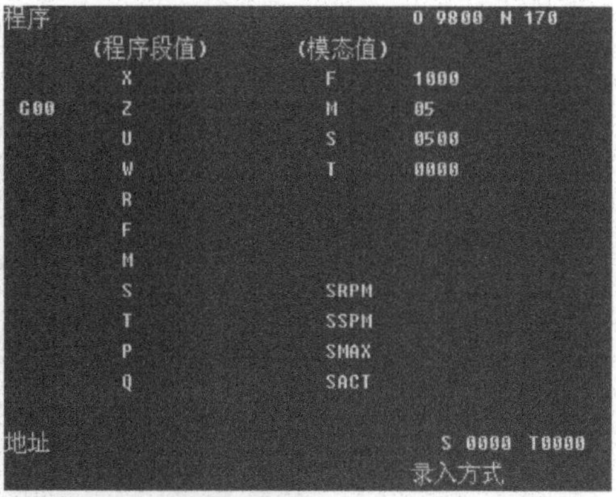

图 6.9 显示程序页面

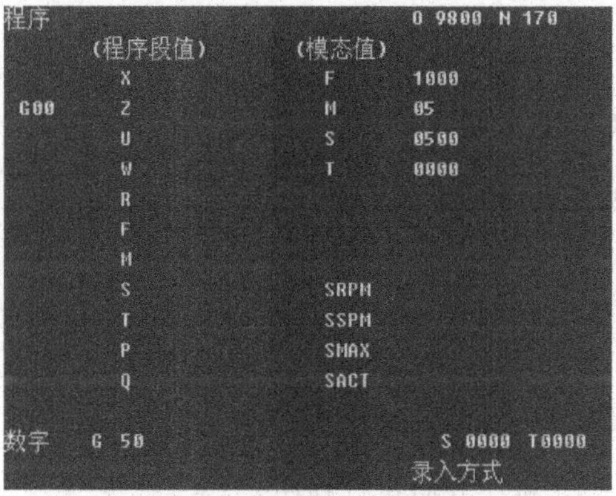

图 6.10 输入 G50 指令

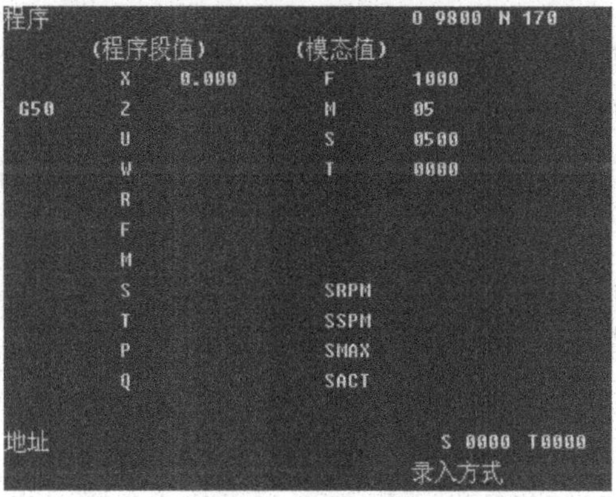

图 6.11 输入 X0

为 G50。

5）使用字母、数字键，输入 X0。

6）按输入键，屏幕上的 X 后面出现 0.000，如图 6.11 所示。

7）使用字母、数字键，输入 Z0。

8）按输入键，屏幕上的 Z 后面出现 0.000，如图 6.12 所示。

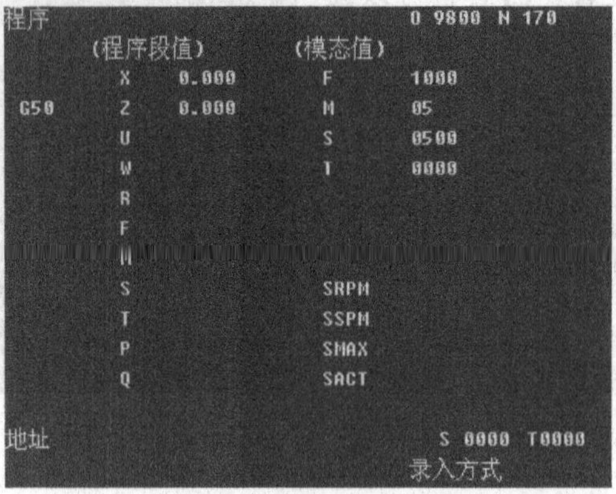

图 6.12 输入 Z0

9）这样就完成了 G50 的设置。

任务 5 自动运行操作

1. 启动自动运转

1）打开加工程序。

2）按下自动方式键，选择自动方式。

3）按循环启动键，机床开始执行程序。

2. 停止自动运转

使正在自动运转的程序停止，有下列几种方法。

(1) 程序中含有指令 M00

当程序执行到含有 M00 的程序段后，停止运行。按循环启动键，能继续开始运转。

(2) 程序中含有指令 M30

M30 表明主程序结束，当程序执行到含有 M30 的程序段后，机床停止运行，并返回到程序的起点。

(3) 进给保持键

在机床运行中，按进给保持键，可以暂时停止机床运行。再按循环启动键，继续执行程序。

3. 单段运行

1）在程序运行过程中，按单段开关键。

2）单段指示灯亮，执行程序的一个程序段后，程序暂停运行。

3）再按循环启动键，机床开始执行下一个程序段，执行完后，程序暂停。

■ 项目二 SIEMENS 802S/C 数控车床面板操作 ■

任务

任务 1 系统操作面板

SIEMENS 802S/C 数控车床的操作面板及按键说明如图 6.13 所示。

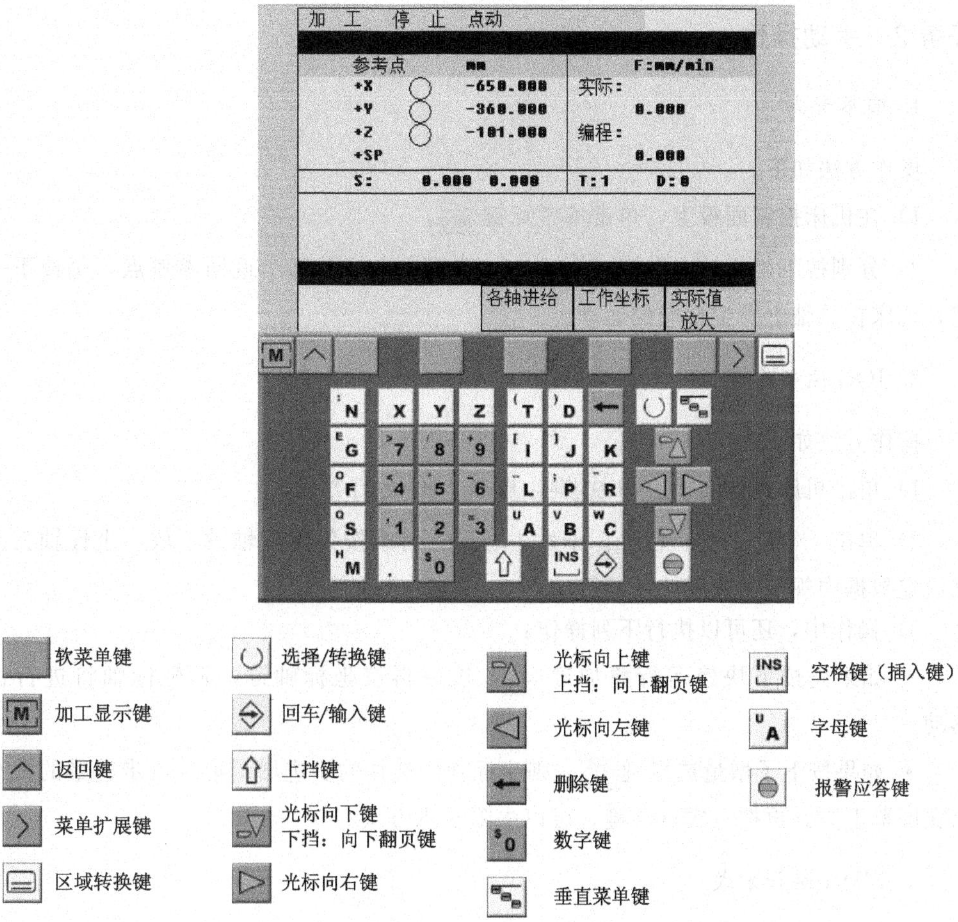

图 6.13 操作面板及按键说明

机床控制面板及按键说明如图 6.14 所示。

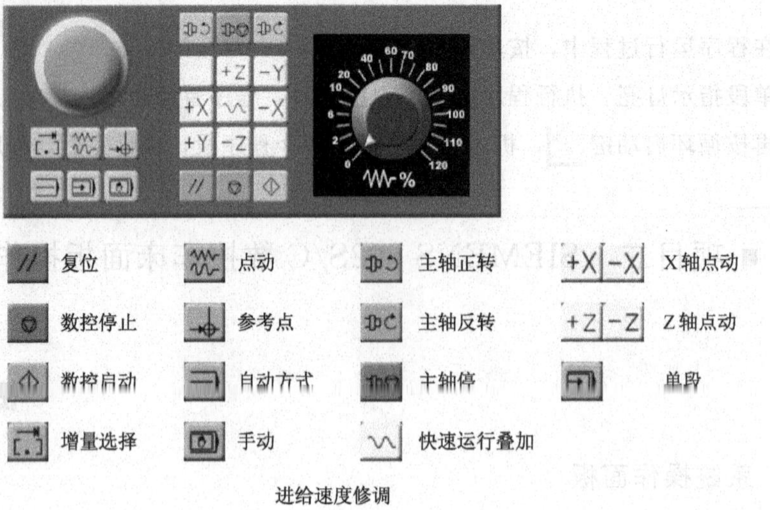

图 6.14 机床控制面板及按键说明

任务 2 手动操作

1. 回参考点

操作方法如下。

1）在机床控制面板上，单击参考点键。

2）分别按下坐标轴方向键+X、+Z，使每个坐标轴逐个返回参考点。每按下一个键，机床在该轴上发生相应的运动。

2. JOG 运行方式

操作方法如下。

1）单击机床操作面板上的键，选择 JOG 运行方式。

2）单击+X或−Z键，使坐标轴发生运动。持续按住坐标轴键不放，坐标轴就会按照设定数据中规定的速度持续运行。

3）操作中，还可以执行下列操作：

• 如果先按下快速运行叠加键，然后再按坐标轴键，则坐标轴将进行快速移动。

• 如果按下了增量选择键，则坐标轴以选择的步进增量运行，步进量的大小显示在屏幕上方。再按一次点动键，可以去除步进方式。

3. MDA 运行方式

操作方法如下。

1）在机床操作面板上，单击手动键，选择 MDA 运行方式。

2）使用操作面板上的数字键，输入程序段。

3）单击数控启动键，执行输入的程序段。

任务 3　程序编辑

1. 程序窗口

1）单击程序键，打开程序窗口，如图 6.15 所示。

2）窗口中有“程序”等软键，可以单击菜单扩展键>>，显示更多的软键。下面列出软键及其功能。

- 选择：选择用光标定位的、待执行的程序，然后按数控启动键启动程序。
- 打开：打开光标定位的带执行程序。
- 新程序：用于输入新的程序。
- 拷贝：用于把选择的程序拷贝到另一程序中。
- 删除：用于删除光标定位的程序。
- 改名：用于更改光标所在的程序名。

2. 输入新程序

1）按下软键“程序”，打开程序窗口，显示已存在的程序目录。

2）按下软键新程序，出现如图 6.16 所示窗口。

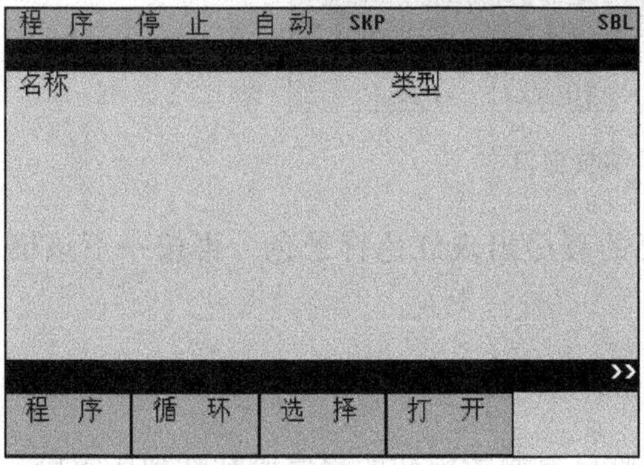

图 6.15　程序界面

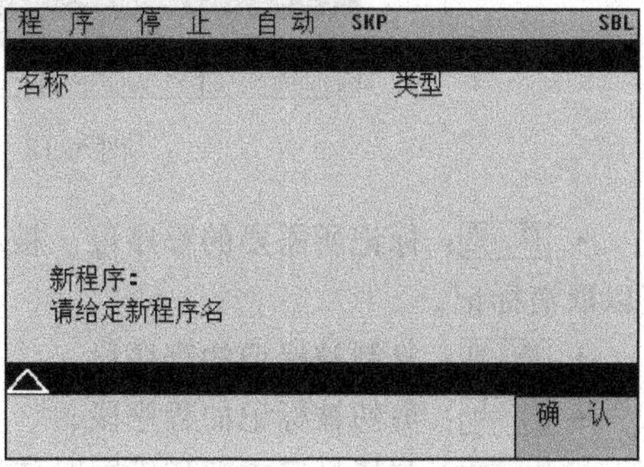

图 6.16　建立新程序

3）使用字母键，输入新程序名。

4）按下软键“确认”，生成新程序文件。并可以对新生成的程序进行编辑。

3. 编辑零件程序

1）按软键“程序”，打开程序目录窗口。

2）用光标键选择待编辑的程序。

3）按软键“打开”，打开选中的程序。

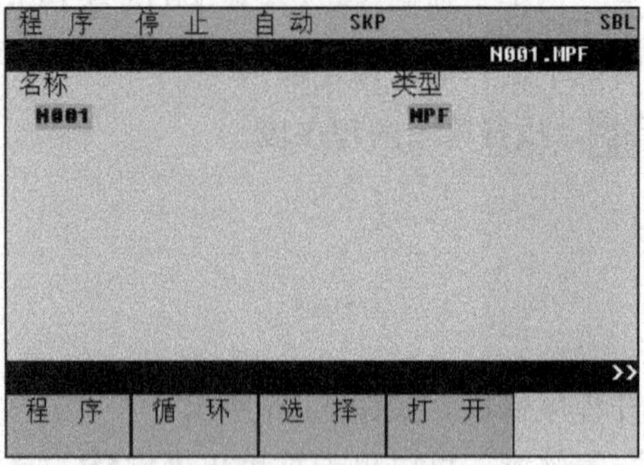

图 6.17 打开程序目录

4）屏幕上出现如图 6.18 所示编辑窗口。可以按菜单扩展键，显示更多的软键。下面列出软键及其功能。

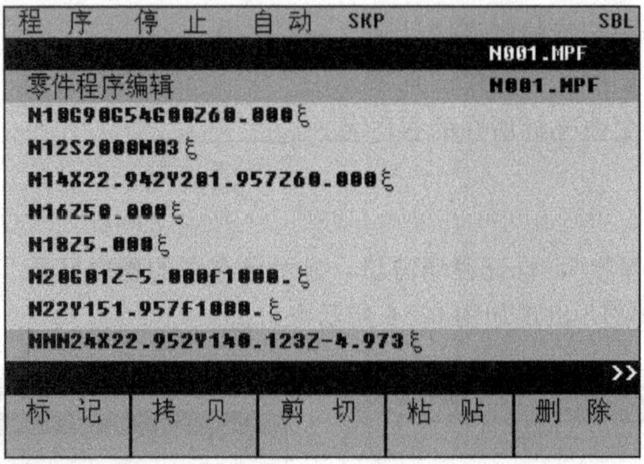

图 6.18 程序编辑窗口

- 标 记：标记所需要的程序段。被标记的程序出现红色背景色。再按一下该键，可以取消标记。
- 拷 贝：复制被标记的程序段。
- 剪 切：剪切被标记的程序段。
- 粘 贴：与拷贝键或剪切键同时使用，将已复制或剪切的程序段粘贴到所需段。
- 删 除：删除所标记的程序段。
- 搜 索：按下该键，可以进入搜索窗口。输入需要搜索的文本，然后按软键“确认”。如果需要放弃搜索，可以按返回键。
- 关 闭：按下该键，存储已完成的修改，并关闭文件，返回程序目录窗口。
- 、：使光标在不同的行与字符间移动。

5）单击软键关 闭，存储修改情况并关闭此程序。

任务 4　数据设置

1. 输入刀具参数及刀具补偿参数

1）在“参数”菜单下，单击“刀具补偿”命令，打开刀具补偿窗口，如图 6.19 所示。

2）该窗口中的软键及其功能如下：

<<D　D>>：选择渐低或渐高的刀沿号。

<<T　T>>：选择渐低或渐高的刀具号。

复位刀沿：所有刀具补偿值复位为零。

新刀沿：建立新刀沿，设立刀补参数。

删除刀具：删除一个刀具所有刀沿的补偿参数。

新建刀具：建立一个新刀具的刀具补偿参数。

对　刀：计算刀具长度补偿值。

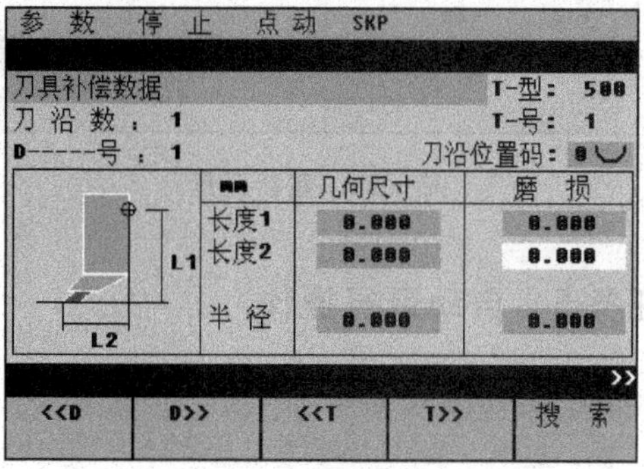

图 6.19　刀具补偿窗口

2. 建立新刀具

1）按下“新刀具”键，建立一个新刀具，出现如图 6.20 所示窗口。

2）按数字键，输入新的刀具号，并定义刀具类型。

3）按确认键，系统保存设置，并返回刀具补偿参数窗口。

3. 输入刀具补偿值

1）打开如图 6.19 所示刀具补偿参数窗口。

2）按操作面板上的箭头键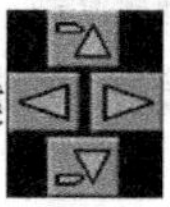，将光标移动到需要修改的区域。

3）输入数值。

4）按操作面板上的输入键。

4. 输入零点偏置值

1）在“参数”菜单下，单击“零点偏移”，打开如图 6.21 所示窗口。

2）使用箭头键，将光标移到需要输入数值的区域。

3）使用、键，可以在 G54、G55、G56、G57 之间切换。

4）输入数值。

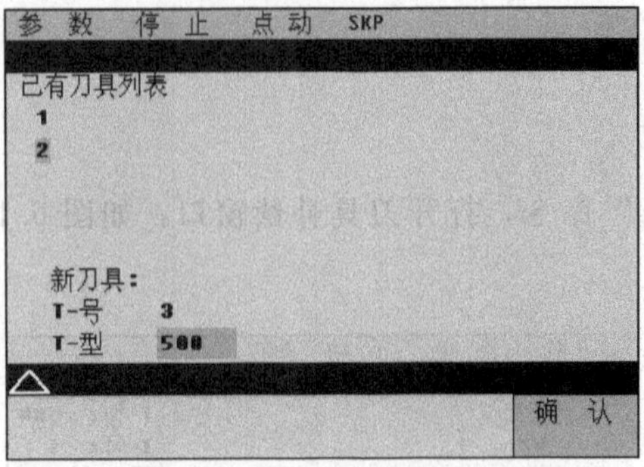

图 6.20 建新刀具

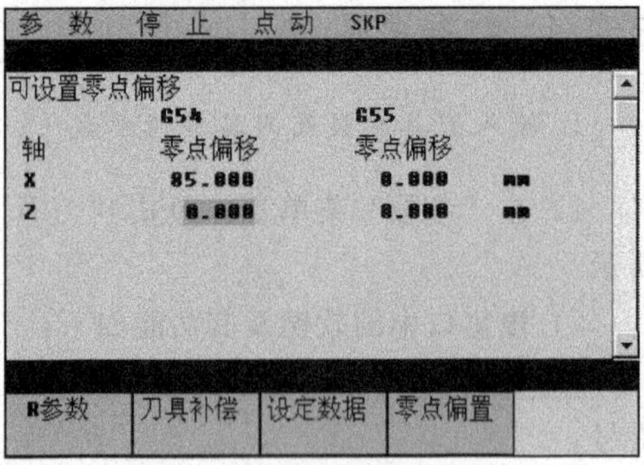

图 6.21 设置零点偏移

任务 5 自动运行操作

1. 自动方式窗口

1）在操作面板上，按下自动方式键，选择自动运行方式。打开如图 6.22 所示窗口。

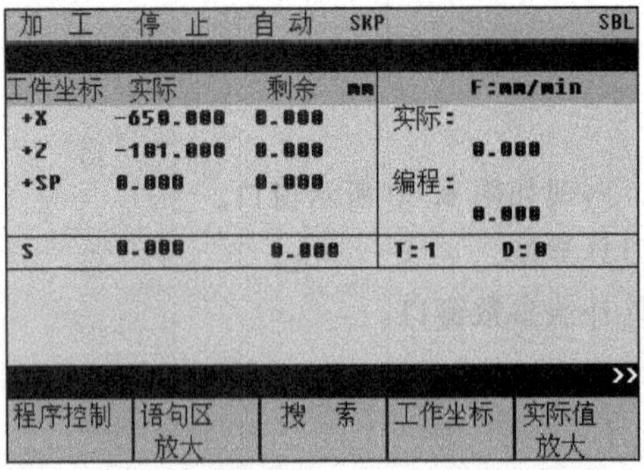

图 6.22 自动方式选择

2）窗口中有程序控制等软键，可以按“菜单扩展”键，显示更多的软键。下面列出软键及其功能。

- 程序控制：显示程序控制窗口（如段跳跃、空运行等）。
- 语句区放大：显示完整的程序段。
- 搜 索包含下列三项：

搜 索：输入搜索内容，进行搜索。

搜索断点：光标移动到断点所在程序段。

继续搜索：找到一个符合搜索条件的文本后，按下该键，可以继续进行搜索，直到找到下一个符合搜索条件的文本。

- 工作坐标|机床坐标：显示工件坐标系或机床坐标系坐标。
- 实际值放大：将坐标值放大显示。
- G功能区放大：显示所有有效的 G 功能。

2. 选择和启动零件程序

1）按自动方式键，选择自动运行方式。

2）按软键“程序”，然后再按该软键一次，数控系统显示屏上显示出所有程序。

3）按光标向上键、向下键，使光标移动到指定程序上。

4）按选择键选择待加工程序。

5）按下数控启动键[◇]，执行程序。

3. 程序段搜索

1）按下软键“搜索”，然后再按下该软键一次，打开搜索窗口，如图 6.23 所示。

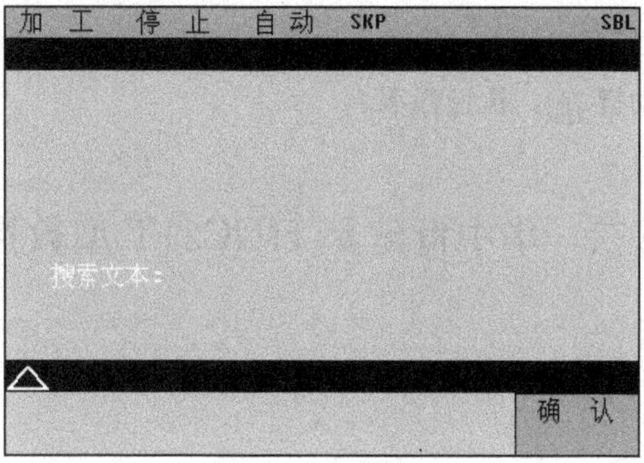

图 6.23 搜索窗口

2）在数控显示屏上，输入需要搜索的文本。
3）按下软键“确认”。
4）系统执行搜索，直到找到所需的零件程序段。

4. 停止和中断零件程序

操作方法如下。

1）按下数控停止键[◎]，可以暂停正在加工的零件程序。按下数控启动键后，可以从中断的地方恢复程序运行。

2）按下复位键[//]，可以终止正在加工的零件程序。再按数控启动键，程序将从头开始运行。

5. 中断后的再定位

操作方法如下。

1）按下自动运行方式键[⊟]。

2）按软键“搜索”，打开搜索窗口，准备装载中断点坐标。

3）按软键“搜索断点”[搜索断点]，装载中断点坐标，到达中断程序段。

4）按数控启动键[◇]，从中断点开始进行加工。

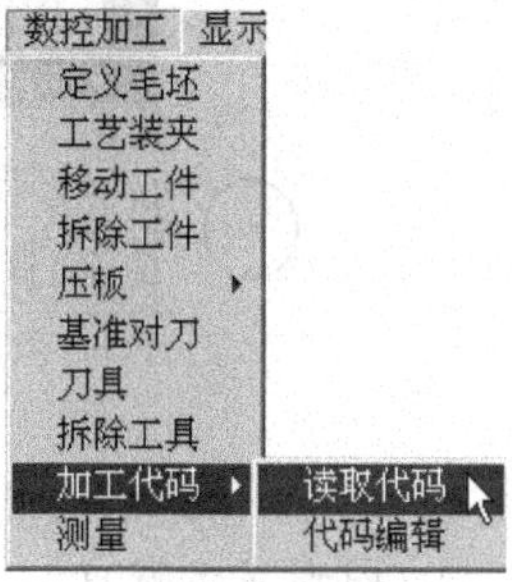

图 6.24 “读取代码”命令

6. 执行外部程序

1）执行回参考点操作，使机床返回参考点。

2）在“数控加工”菜单上，单击“加工代码”下的“读取代码”命令，如图 6.24 所示。

3）在 Windows 打开文件对话框中，选择要打开的程序文件。

4）按下数控启动键，执行程序。

■ 项目三　华中世纪星 HNC21T 型数控车床 ■

任务

任务 1　软件操作界面

华中世纪星 HNC21T 型数控车床的软件操作界面如图 6.25 所示。现对界面中各部分说明如下。

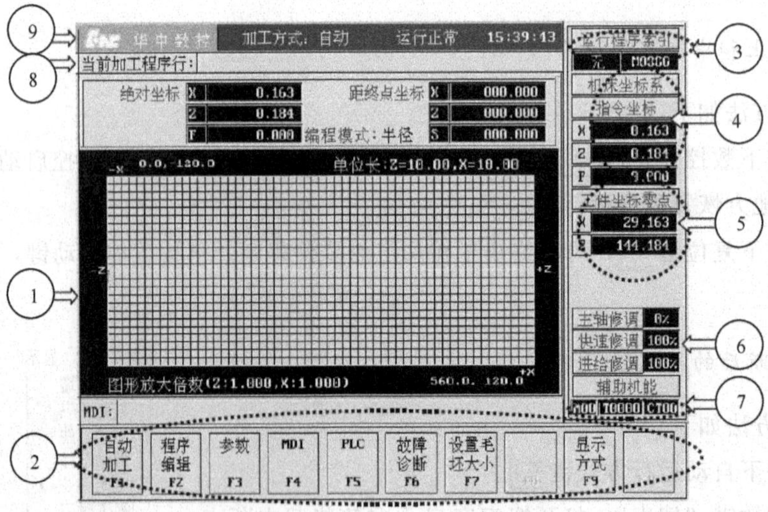

图 6.25　HNC21 的软件操作界面

1. 图形显示窗口

可以根据需要用功能键 F9 设置窗口的显示内容。

2. 菜单命令条

通过菜单命令条中的功能键 F1～F10 来完成系统功能的操作。

3. 运行程序索引

自动加工中的程序名和当前程序段行号。

4. 选定坐标系下的坐标值

坐标系可在机床坐标系/工件坐标系/相对坐标系之间切换显示值；可在指令位置/实际位置/剩余进给/跟踪误差/负载电流/补偿值之间切换负载电流，只对11型伺服有效。

5. 工件坐标零点

工件坐标系零点在机床坐标系下的坐标。

6. 倍率修调

主轴修调——当前主轴修调倍率。
进给修调——当前进给修调倍率。
快速修调——当前快进修调倍率。

7. 辅助机能

自动加工中的MST代码。

8. 当前加工程序行

当前正在或将要加工的程序段。

9. 当前加工方式/系统运行状态/当前时间

(1) 返回机床参考点

进入系统后首先应将机床各轴返回参考点。操作步骤如下。

1) 按下“回参考点”按键（指示灯亮）。

2) 按下“+X”按键，X轴立即回到参考点。

3) 按下“+Z”按键，使Z轴返回参考点。

(2) 手动移动机床坐标轴

操作步骤如下。

1) 按下“手动”按键（指示灯亮），系统处于点动运行方式。

2) 选择进给速度。

3) 按住“+X”或“-X”按键（指示灯亮），X轴产生正向或负向连续移动；松开“+X”或“-X”按键（指示灯灭），X轴减速停止。

4) 依同样方法，按下“+Z”、“-Z”按键，使Z轴产生正向或负向连续移动。

(3) 点动快速移动

在点动进给时，先按下“快进”按键，然后再按坐标轴按键，则该轴将产生快速运动。

1）进给速率等于系统参数“最高快移速度”的1/3乘以进给修调选择的进给倍率。

2）快速移动的进给速率等于系统参数“最高快移速度”乘以快速修调选择的快移倍率。

进给速度选择的方法如下：

• 按下进给修调或快速修调右侧的“100%”按键（指示灯亮），进给修调或快速修调倍率被置为100%。

• 按下“+”按键，修调倍率增加10%，按下“-”按键，修调倍率递减10%。

（4）增量进给

操作方法如下。

1）按下“增量”按键（指示灯亮），系统处于增量进给运行方式。

2）按下增量倍率按键（指示灯亮）。

3）按一下“+X”或“-X”按键，X将向正向或负向移动一个增量值。

4）按下“+Z”、“-Z”按键，使Z轴向正向或负向移动一个增量值。

（5）增量值选择

增量值的大小由选择的增量倍率按键来决定。增量倍率按键有四个挡位：×1、×10、×100、×1000。增量倍率按键和增量值的对应关系如表6.3所示。

表6.3 增量倍率按键与增量值对应关系

增量倍率按键	×1	×10	×100	×1000
增量值/mm	0.001	0.01	0.1	1

从表中可知，当系统在增量进给运行方式下、增量倍率按键选择的是“×1”按键时，则每按一下坐标轴，该轴移动0.001mm。

（6）手动控制主轴

操作方式如下。

1）确保系统处于手动方式下。

2）设定主轴转速。

3）按下“主轴正转”按键（指示灯亮），主轴以机床参数设定的转速正转。

4）按下“主轴反转”按键（指示灯亮），主轴以机床参数设定的转速反转。

5）按下“主轴停止”按键（指示灯亮），主轴停止运转。

6）按下主轴修调右侧的“100%”按键（指示灯亮），主轴修调倍率被置为100%。

7）按下“+”按键，修调倍率增加10%，按下“-”按键，修调倍率递减10%。

（7）刀位选择和刀位转换

操作方式如下。

1）确保系统处于手动方式下。

2）按下“刀位选择”按键，选择所使用的刀，这时显示窗口右下方的“辅助机能”里会显示当前所选中的刀号。例如图6.26所示中选择的刀号为ST01。

3）按下“刀位转换”按键，转塔刀架转到所选到的刀位。

(8) MDI运行

1) 在系统控制面板上，按下菜单命令条中左数第 4 个按键 MDI F4 按键，进入 MDI 功能子菜单，如图 6.27 所示。

2) 在 MDI 功能子菜单下，按下左数第 6 个按键 MDI 运行 F6 按键，进入 MDI 运行方式，如图 6.28 所示。

图 6.26 选刀

3) 这时就可以在 MDI 一栏后的命令行内输入 G 代码指令段，可以有如下操作。

图 6.27 选择 MDI F4 按键

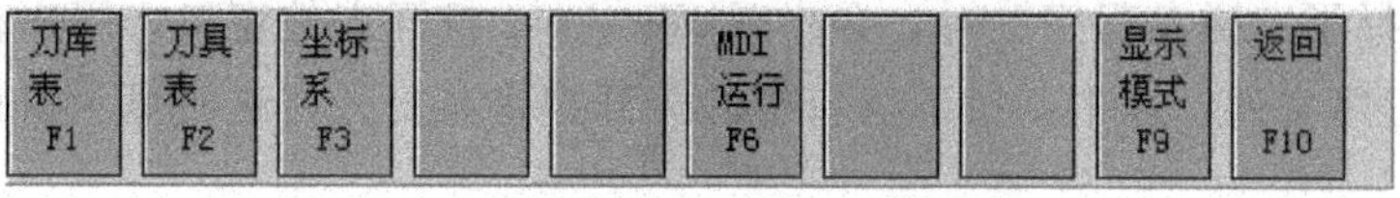

图 6.28 选择 MDI运行 F6 按键

• 一次输入多个指令字。直接在命令行输入“G00 X100 Z 1000”，然后按 Enter 键，这时显示窗口内 X、Z 值分别变为 100、1000；

• 多次输入，每次输入一个指令字。

例如，要输入“G00 X100 Z1000”，可以在命令行先输入“G00”，按 Enter 键，显示窗口内显示“G00”；再输入“X100”按 Enter 键，显示窗口内 X 值变为 100；最后输入“Z 1000”，然后按 Enter 键，显示窗口内 Z 值变为 1000。

在输入指令时，可以在命令行看见当前输入的内容，在按 Enter 键之前发现输入错误，可用 BS 按键将其删除：在按了 Enter 键后发现输入错误或需要修改，只需重新输入一次指令，新输入的指令就会自动覆盖旧的指令。

任务 2 程序编辑

1. 进入程序编辑菜单

1) 在系统控制面板下，按下程序编辑 F2 按键，进入编辑功能子菜单。

2) 在编辑功能子菜单下，可对零件程序进行编辑等操作，如图 6.29 所示。

图 6.29 编辑功能子菜单

2. 选择编辑程序

在编辑功能子菜单中，按下选择编辑程序 F2 按键，会弹出一个含有三个选项的菜单，如图 6.30 所示，磁盘程序、正在加工的程序、新建程序。

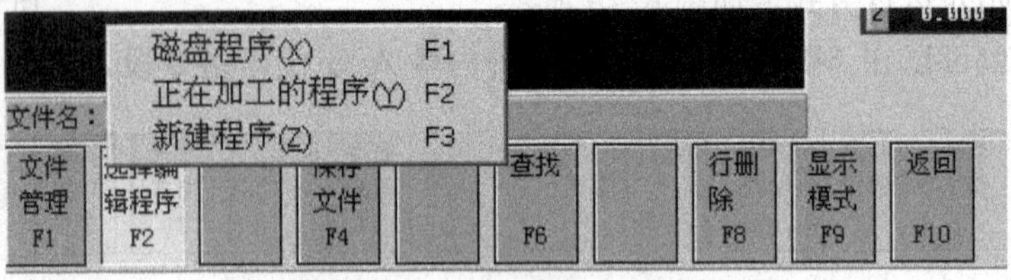

图 6.30 选择需编辑的程序

1）当选择了“磁盘程序”时，会出现 Windows 打开文件窗口，用户在电脑中选择事先做好的程序文件，选中并按下窗口中的打开键将其打开，这时显示窗口会显示该程序的内容。

2）当选择了“正在加工的程序”，如果当前没有选择加工程序，系统会弹出提示框，说明当前没有正在加工的程序。否则显示窗口会显示正在加工的程序的内容。如果该程序正处于加工状态，系统会弹出提示，提醒用户先停止加工再进行编辑。

3）当选择了“新建程序”，这时显示窗口的最上方出现闪烁的光标，这时就可以开始建立新程序了。

3. 编辑当前程序

在进入编辑状态、程序被打开后，可以将控制面板上的按键结合电脑键盘上的数字和功能键来进行编辑操作。

1）删除。将光标落在需要删除的字符上，按电脑键盘上的 Del 键删除错误的内容。

2）插入。将光标落在需要插入的位置，输入数据。

3）查找。按下菜单键中的查找 F6 按键，弹出对话框，在“查找”栏内输入要查找的字符串，然后按“查找下一个”，当找到字符串后，光标会定位在找到的字符串处。

4）删除一行。按行删除 F8 键，将删除光标所在的程序行。

5）将光标移到下一行。按下控制面板上的上下箭头键 。每按一下箭头键，窗口中的光标就会向上或向下移动一行。

4. 保存程序

操作方法如下。

1）按下选择编辑程序 F2 按键。

2）在弹出的菜单中选择“新建程序”。

3）弹出提示框，询问是否保存当前程序，按“是”确认并关闭对话框。

任务 3　数据设置

1. 进入数据设置菜单

1）在系统控制面板上，按下菜单键中左数第 4 个按键 MDI F4 按键，进入 MDI 功能子菜单。

2）在 MDI 功能子菜单下，可以使用菜单键中的刀库表 F1、刀偏表 F2、刀补表 F3 和坐标系 F4 来设置刀具与坐标系数据。

2. 设置刀库数据

1）按下“刀库表 F1”按键，进入刀库设置窗口，如图 6.31 所示。

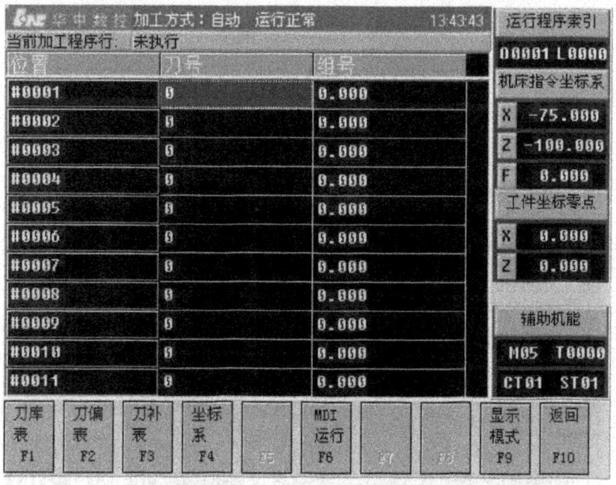

图 6.31　刀库表

2）用鼠标点中要编辑的选项。

3）输入新数据，然后按 Enter 键确认。

3. 设置刀偏数据

1）按下“刀偏表 F2”按键，进行刀编设置，如图 6.32 所示。

2）用鼠标点中要编辑的选项。

3）输入新数据，然后按 Enter 键确认。

4）完成设置后，按菜单键中的返回 F10 按键，返回 MDI 功能子菜单，以便进行其他数据的设置。

4. 设置刀补数据

1）按下刀补表 F3 按键，进行刀补设置，如图 6.33 所示。

2）用鼠标点中要编辑的选项。

3）输入新数据，然后按 Enter 键确认。

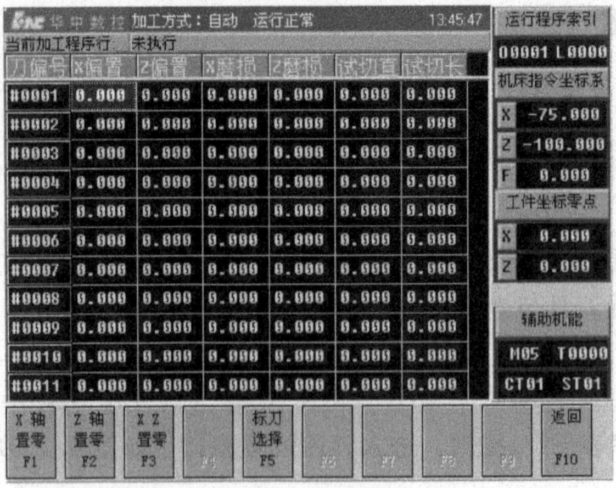

图 6.32 刀偏表

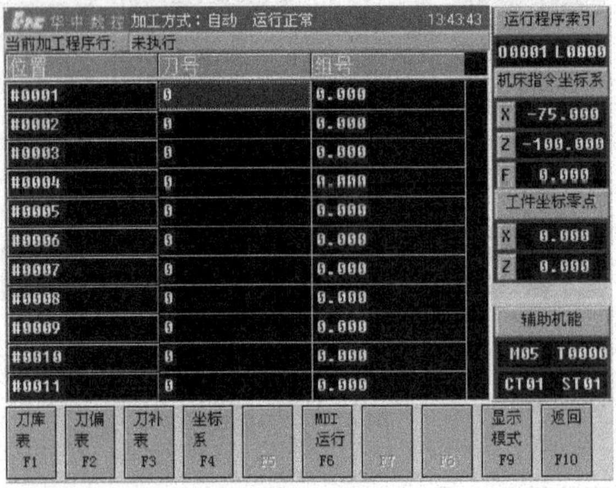

图 6.33 刀补表

5. 设置坐标系

1）按下坐标系 F4 按键，进入手动输入坐标系方式，窗口首先显示 G54 坐标系数据，如图 6.34 所示。

2）除了设置 G54 外，还可以设置 G55、G56、G57、G58、G59 和当前工件坐标系。按 Pgdn 或 Pgup 键，就可以在上述数据类型中进行选择。

3）在命令行输入所需数据。例如，要输入 X200 Z300，可以在命令行输入 X200 Z300，然后按 Enter 键，这时显示窗口中 G54 坐标系的 X、Z 偏置分别为 200、300，如图 6.35 所示。

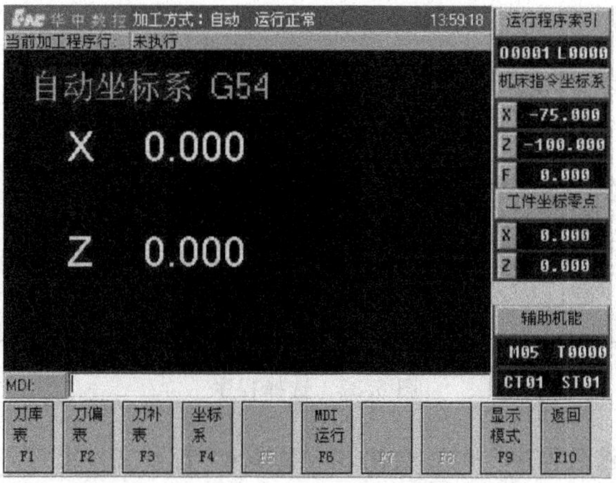

图 6.34　G54 坐标系数据

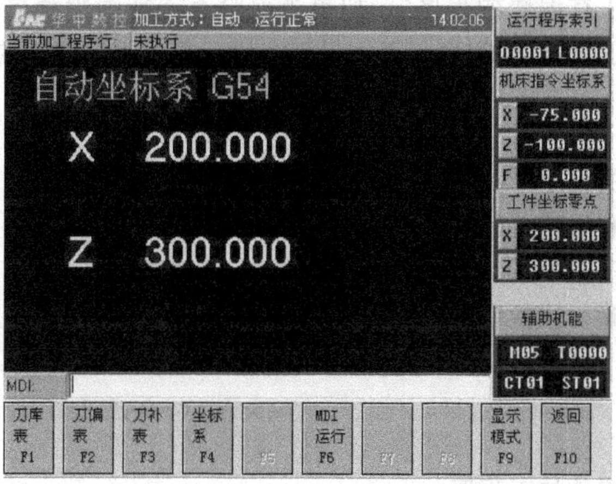

图 6.35　G54 坐标系的 X、Z 偏置

任务 4　自动运行操作

1. 进入程序运行菜单

1）在系统控制面板下，按下自动加工 F1 按键，进入程序运行子菜单，如图 6.36 所示。

图 6.36　程序运行子菜单

2）在程序运行子菜单下，可以自动运行零件程序。

2. 选择运行程序

1）按下程序选择 F1 按键，会弹出一个含有两个选项的菜单：磁盘程序、正在编辑的程序，如图 6.37 所示。

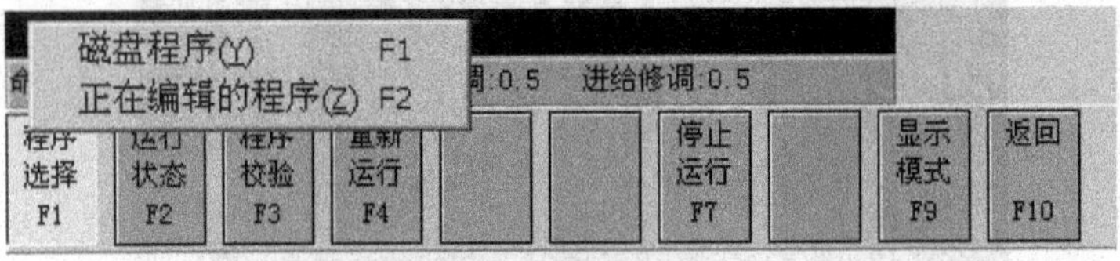

图 6.37 选择程序

2）当选择了“磁盘程序”时，会出现 Windows 打开文件窗口，用户在电脑中选择事先做好的程序文件，选中并按下窗口中的“打开”键将其打开，这时显示窗口会显示该程序的内容。

3）当选择了“正在编辑的程序”，如果当前没有选择编辑程序，系统会弹出提示框，说明当前没有正在编辑的程序。否则显示窗口会显示正在编辑的程序的内容。

3. 程序校验

1）打开要加工的程序。

2）按下机床控制面板上的自动键，进入程序运行方式。

3）在程序运行子菜单下，按程序校验 F3 键，程序校验开始。

4）如果程序正确，校验完成后，光标将返回到程序头，并且显示窗口下方的提示栏以显示提示信息，说明没有发现错误。

4. 启动自动运行

1）选择并打开零件加工程序。

2）按下机床控制面板上的自动键（指示灯亮），进入程序运行方式。

3）按下机床控制面板上的循环启动键（指示灯亮），机床开始自动运行当前的加工程序。

5. 单段运行

1）按下机床控制面板上的单段键（指示灯亮），进入单段自动运行方式。

2）按下循环启动键，运行一个程序段，机床就会减速停止，刀具、主轴均停止运行。

3）再按下循环启动键，系统执行下一个程序段，执行完成后再次停止。

附　　录

附录一　广州数控 GSK980T 指令

附表 1　支持的 G 指令功能表

指　令	组　别	功　能	格　式
G00	01	快速定位	G00X(U) _ Z _ (W) _
G01		直线插补	G01X(U) _ Z (W) _ F_
G02		圆弧插补(顺时针方向 CW)	G02 X_Z_R_F 或 G02 X_Z_ I_K_F
G03		圆弧插补(逆时针方向 CCW)	G03 X_Z_R_F 或 G03 X_Z_ I_K_F
G04	00	暂停	G04 P _ ;(单位:0.001s) G04 X _ ;(单位:s) G04 U _ ;(单位:s)
G28		自动返回机械原点	G28 X(U) _ Z (W) _
G32	01	切螺纹	G32X(U) _ Z(W) _ F _(公制螺纹) G32X(U) _ Z(W) _ I _(英制螺纹)
G50	00	坐标系设定	G50 X(x) Z(z)
G70	00	精加工循环	G70 P(ns) Q(nf)
G71		外圆粗车循环	G71U(ΔD)R(E)F(F) G71 P(NS)Q(NF)U(ΔU)W(ΔW) S(S)T(T)
G72		端面粗车循环	G72W(ΔD)R(E)F(F) G72 P(NS)Q(NF)U(ΔU)W(ΔW)S(S)T(T)
G73		封闭切削循环	G73 U(ΔI)W(ΔK) R(D)F(F) G73 P(NS)Q(NF)U(ΔU)W(ΔW)S(S)T(T)
G74		端面深孔加工循环	G74 R(e) G74 X(U) Z(W) P(Δi)Q(Δk)R(Δd)F(f)
G75		外圆、内圆切槽循环	G75 R(e) G75 X(U) Z(W) P(Δi)Q(Δk)R(Δd)F(f)
G76		复合型螺纹切削循环	G76 P(m)(r)(a)Q(Δdmin)R(d) G76 X(U) Z(W) R(i) P(k)Q(Δd) F(L)
G90	01	外圆、内圆车削循环	G90X(U) _ Z(W) _ R _ F_
G92		螺纹切削循环	G92X(U) _ Z(W) _ F _(公制螺纹) G92X(U) _ Z(W) _ I _(英制螺纹)
G94		端面车削循环	G94 X(U) _ Z(W) _ F_
G98	03	每分进给	G98
G99		每转进给	G99

附表 2 支持的 M 指令功能表

指令	功能	格式
M00	程序暂停，按“循环起动”程序继续执行	M98 Pxxxxnnnn M99
M03	主轴正转	
M04	主轴反转	
M05	主轴停止	
M08	冷却液开	
M09	冷却液关	
M30	程序结束	
M98	子程序调用	
M99	子程序结束	

附录二 SIEMENS802S 数控指令

附表 3 支持的 G 指令功能表

分类	分组	指令	功能	格式	备注
插补	1	G0	快速线性移动（笛卡儿坐标）	G0 X… Y… Z…	
		G1*	带进给率的线性插补（笛卡儿坐标）	G1 X… Y… Z…	
		G2	顺时针圆弧（笛卡儿坐标，终点＋圆心）	G2 X… Y… Z… I… J… K…	XYZ 确定终点，IJK 确定圆心
			顺时针圆弧（笛卡儿坐标，终点＋半径）	G2 X… Y… Z… CR＝…	XYZ 确定终点，CR 为半径（大于0为优弧，小于0为劣弧）
			顺时针圆弧（笛卡儿坐标，圆心＋圆心角）	G2 AR＝… I… J… K…	AR 确定圆心角（0～360°），IJK 确定圆心
			顺时针圆弧（笛卡儿坐标，终点＋圆心角）	G2 AR＝… X… Y… Z…	AR 确定圆心角（0～360°），XYZ 确定终点
		G3	逆时针圆弧（笛卡儿坐标，终点＋圆心）	G3 X… Y… Z… I… J… K…	
			逆时针圆弧（笛卡儿坐标，终点＋半径）	G3 X… Y… Z… CR＝…	
			逆时针圆弧（笛卡儿坐标，圆心＋圆心角）	G3 AR＝… I… J… K…	
			逆时针圆弧（笛卡儿坐标，终点＋圆心角）	G3 AR＝… X… Y… Z…	
		G5	通过中间点进行圆弧插补	G5 Z… X… KZ… IX…	通过起始点和终点之间的中间点位置确定圆弧的方向 G5一直有效，直到被 G 功能组中其他的指令取代为止
		G33	加工恒螺距螺纹	G33 Z…K…	圆柱螺纹
				G33 Z…X…K…	锥螺纹（锥角小于45°）
				G33 Z…X…I…	锥螺纹（锥角大于45°）
				G33 X…I…	端面螺纹
				G33 Z…K…SF＝… Z…X…K… Z…X…K…	多段连续螺纹 SF＝：起始点偏移值
暂停	2	G4	通过在两个程序段之间插入一个 G4程序段，可以使加工中断给定的时间	G4 F… G4 S…	G4 F…：暂停时间（s） G4 S…：暂停主轴转速

续表

分类	分组	指令	功能	格式	备注
平面	6	G17*	指定XY平面	G17	
		G18	指定ZX平面	G18	
		G19	指定YZ平面	G19	
主轴运动	3	G25	通过在程序中写入G25或G26指令和地址S下的转速，可以限制特定情况下主轴的极限值范围	G25 S…	主轴转速下限
		G26		G26 S…	主轴转速上限
增量设置	14	G90*	绝对尺寸	G90	
		G91	增量尺寸	G91	
单位	13	G70	英制单位输入	G70	
		G71*	公制单位输入	G71	
可设定的零点偏移	9	G53	取消可设定零点偏移(程序段方式有效)	G53	
	8	G500*	取消可设定零点偏移(模态有效)	G500	
		G54	第一可设定零点偏移值	G54	
		G55	第二可设定零点偏移值	G55	
		G56	第三可设定零点偏移值	G56	
		G57	第四可设定零点偏移值	G57	
进给	15	G94*	进给率	F	mm/min
		G95	主轴进给率	F	mm/r
	2	G63			
可编程的零点偏移	3	G158	对所有坐标轴编程零点偏移	G158	后面的G158指令取代先前的可编程零点偏移指令；在程序段中仅输入G158指令而后面不跟坐标轴名称时，表示取消当前的可编程零点偏移
	2	G74	回参考点(原点)	G74 X… Y…Z…	G74之后的程序段原先“插补方式”组中的G指令将再次生效；G74需要一独立程序段，并按程序段方式有效
		G75	返回固定点	G75 X…Y…Z…	G75之后的程序段原先“插补方式”组中的G指令将再次生效；G75需要一独立程序段，并按程序段方式有效

续表

分类	分组	指令	功能	格式	备注
刀具补偿	7	G40*	取消刀尖半径补偿	G40	进行刀尖半径补偿时必须有相应的D号才能有效;刀尖半径补偿只有在线性插补时才能选择
		G41	左侧刀尖半径补偿	G41	
		G42	右侧刀尖半径补偿	G42	
	18	G450*	刀补时拐角走圆角	G450	圆弧过渡 刀具中心轨迹为一个圆弧,其起点为前一曲线的终点,终点为后一曲线的起点,半径等于刀具半径 圆弧过渡在运行下一个带运行指令的程序段时才有效
		G451	刀补时到交点时再拐角	G451	交点指回刀具中心轨迹交点,即以刀具半径为距离的等距高线交点

注:加"*"号的功能在程序启动时生效

附表4 支持的M指令功能表

指令	功能	格式	备注
M0	编程停止		
M1	选择性暂停		
M2	主程序结束返回程序开头		
M3	主轴正转		
M4	主轴反转		
M5	主轴停转		
M6	换刀(缺省设置)		选择第x号刀,x范围为0~32000,T0取消刀具
		M6	T生效且对应补偿D生效H补偿在Z轴移动时才有效
M17	子程序结束		若单独执行子程序,则此功能同M2和M30相同
M30	主程序结束且返回		

附表 5 其他指令功能表

指 令	功 能	格 式
IF	有条件程序跳跃	IF expression GOTOB LABEL 或 IF expression GOTOF LABEL LABEL IF 跳转条件导入符 GOTOB 带向后跳跃目的的跳跃指令（朝程序开头） GOTOF 带向前跳跃目的的跳跃指令（朝程序结尾） LABEL 目的（程序内标号） LABEL 跳跃目的；冒号后面的跳跃目的名 ＝＝ 等于 ＜＞ 不等于 ＞ 大于 ＜ 小于 ＞＝ 大于或等于 ＜＝ 小于或等于 例： N100 IF R1＞1 GOTOF MARKE2 … N1000 IF R45＝＝R7＋1 GOTOB MARKE3
COS	余弦	SIN（x）
SIN	正弦	COS（x）
SQRT	开方	SQRT（x）
GOTOB	向后跳转	GOTOB LABEL 向程序开始的方向跳转 LABEL：所选的标记符
GOTOF	向前跳转	GOTOF LABEL 向程序结束的方向跳转 参数意义同上
LCYC82	钻削，深孔加工	R101 R102 R103 R104 R105 LCYC82 R101 退回平面（绝对平面） R102 安全距离 R103 参考平面（绝对平面） R104 最后钻深（绝对值） R105 在此钻削深度停留时间 例： N10 G0 G18 G90 F500 T2 D1 S500 M4 N20 Z110 X0 N25 G17 N30 R101＝110 R102＝4 R103＝102 R104＝75 N35 R105＝2 N40 LCYC82 N50 M2

续表

指令	功能	格式
LCYC83	深孔钻削	R101 R102 R103 R104 R105 R107 R108 R109 R110 R111 R127 LCYC83 R107　钻削进给率 R108　首钻进给率 R109　在起始点和排屑时停留时间 R110　首钻深度 R111　递减量，无符号 R127　加工方式：断屑=0，排屑=1 其他参数意义同 LCYC82 例： N100 G0 G18 G90 T4 S500 M3 N110 Z155 N120 X0 N125 G17 R101=155 R102=1 R103=150 R104=5 R109=0 R110=150 R111=20 R107=500 R127=1 R108=400 N140 LCYC83 N199 M2
LCYC84	无补偿卡盘攻丝	R101 R102 R103 R104 R105 R106 R112 R113 LCYC84 R106　螺纹导程值 R112　攻丝速度 R113　对刀速度 例： N10 G0 G90 G17 T4 D4 N20 X30 Y35 Z40 N30 R101=40 R102=2 R103=36 R104=6 R105=0 N40 R106=－0.5 R112=100 R113=500 N50 LCYC84 N60 M2
LCYC85	镗孔	R101 R102 R103 R104 R105 R107 R108 LCYC85 R107　确定钻削时的进给率大小 R108　确定退刀时的进给率大小 其余参数意义同 LCYC82 例： N10 G0 G90 G18 F1000 S500 M3 T1 D1 N20 Z110 X0 N25 G17 N30 R101=105 R102=2 R103=102 R104=77 N35 R105=0 R107=200 R108=400 N40 LCYC85 N50 M2

续表

指 令	功 能	格 式
LCYC840	带补偿夹具内螺纹切削	R101 R102 R103 R104 R106 R126 LCYC840 R106　螺纹导程值（0.001～20000.000mm） R126　攻丝时主轴旋转方向（3 用于 M3；4 用于 M4） 其余参数意义同 LCYC82 例： N10 G0 G17 G90 S300 M3 D1 T1 N20 X35 Z60 N30 R101=60 R102=2 R103=56 R104=15 R105=1 N40 R106=0.5 R126=3 N45 LCYC840 N50 M2
LCYC60	行列孔	R115 R116 R117 R118 R119 R120 R121 LCYC60 R115　钻孔或攻丝循环号 R116　横坐标参考点 R117　纵坐标参考点 R118　第一孔到参考点的距离 R119　孔数 R120　平面中孔排列直线的角度 R121　空间距离 例： N10 G0 G18 G90 S500 M3 T1 D1 N20 X50 Z50 Y110 N30 R101=105 R102=2 R103=102 R104=22, N40 R107=100 R108=50 R109=1 N50 R110=90 R111=20 R127=1 N60 R115=83 R116=30 R117=20 R119=0 R120=20 R121=20 N70 LCYC60；Call cycle for row of holes N80 … N90 R106=0.5 R112=100 R113=500 N100 R115=84 N110 LCYC60 N120 M2
LCYC61	圆周孔	R115 R116 R117 R118 R119 R120 R121 LCYC6061 R118　孔所在圆周半径 R120　起始角度 R121　孔间角度 其余参数意义同 LCYC60 例： N10 G0 G17 G90 F500 S400 M3 T3 D1 N20 X50 Y45 Z5 N30 R101=5 R102=2 R103=0 R104=-30 R105=1 N40 R115=82 R116=70 R117=60 R118=42 R119=4 N50 R120=33 R121=0 N60 LCYC61 N70 M2

续表

指　令	功　能	格　式
LCYC75	矩形或圆形的套，槽	R101 R102 R103 R104 R116 R117 R118 R119 R120 R121 R122 R123 R124 R125 R126 R127 LCYC75 R104　　槽深 R116　　横坐标参考点 R117　　纵坐标参考点 R118　　槽的长度 R119　　槽的宽度 R120　　圆角半径 R121　　最大进给深度 R122　　深度进给的进给率 R123　　表面加工的进给率 R124　　表面加工的精加工量，无符号 R125　　深度加工的精加工量，无符号 R126　　铣削方向（2＝G2；3＝G3） R127　　加工方式（1；2） 其余参数意义同 LCYC60 例： N10 G0 G17 G90 F200 S300 M3 T4 D1 N20 X60 Y40 Z5 N30 R101＝5 R102＝2 R103＝0 R104＝ - 17.5 R105＝2 N40 LCYC82 N50… N60 R116＝60 R117＝40 R118＝60 R119＝40 R120＝8 N70 R121＝4 R122＝120 R123＝300 R124＝0.75 R125＝0.5 N80 R126＝2 R127＝1 N90 LCYC75 N100… N110 R127＝2 N120 LCYC75 N130 M2
LCYC93	切槽循环 5	R100 R101 R105 R106 R107 R108 R114 R115 R116 R117 R118 R119 LCYC93 R100　　横向坐标轴起始点 R101　　纵向坐标轴起始点 R105　　加工类型（1～8） R106　　精加工余量，无符号 R107　　刀具宽度，无符号 R108　　切入深度，无符号 R114　　槽宽，无符号 R115　　槽深，无符号 R116　　角，无符号（0°～89.999°） R117　　槽沿倒角 R118　　槽底倒角 R119　　槽底停留时间 例： N10 G0 G90 Z100 X100 T2 D1 S300 M3 G23； N20 G95 F0.3 R100＝35 R101＝60 R105＝5 R106＝1 R107＝12 R108＝10 R114＝30 R115＝25 R116＝20 R117＝0 R118 - 2 R119＝1 N60 LCYC93 N70 G90 G0 Z100 X50 N100 M2

续表

指 令	功 能	格 式
LCYC94	凹凸切削循环	R100 R101 R105 R107 LCYC94 R105　　形状定义（值 55 为形状 E；值 56 为形状 F） R107　　刀具的刀尖位置定义（值 1～4 对应于位置 1～4） 其余参数意义同 LCYC93 例： N50 G0 G90 G23 Z100 X50 T25 D3 S300 M3 N55 G95 F0.3 R100=20 R101=60 R105=55 R107=3 N60 LCYC94 N70 G90 G0 Z100 X50 N99 M02
LCYC95	毛坯切削循环	R105 R106 R108 R109 R110 R111 R112 LCYC95 R105　　加工类型（1～12） R106　　精加工余量，无符号 R108　　切入深度，无符号 R109　　粗加工切入角 R110　　粗加工时的退刀量 R111　　粗切进给率 R112　　精切进给率 例： N10 T1 D1 G0 G23 G95 S500 M3 F0.4 N20 Z125 X162 _CNAME="TESTK1" R105=9 R106=1.2 R108=5 R109=7 R110=1.5 R111=0.4 R112=0.25 N20 LCYC95 N30 G0 G90 X81 N35 Z125 N99 M30 N10 G1 Z100 X40；Starting point N20 Z85；P1 N30 X54；P2 N40 Z77 X70；P3 N50 Z67；P4 N60 G2 Z62 X80 CR=5；P5 N70 G1 Z62 X96；P6 N80 G3 Z50 X120 CR=12；P7 N90 G1 Z35；P8 M17

续表

指　令	功　能	格　式
LCYC97	螺纹切削	R100 R101 R102 R103 R104 R105 R106 R109 R110 R111 R112 R113 R114 LCYC97 R100　螺纹起始点直径 R101　纵向轴螺纹起始点 R102　螺纹终点直径 R103　纵向轴螺纹终点 R104　螺纹导程值，无符号 R105　加工类型（1，2） R106　精加工余量，无符号 R109　空刀导入量，无符号 R110　空刀退出量，无符号 R111　螺纹深度，无符号 R112　起始点偏移，无符号 R113　粗切削次数，无符号 R114　螺纹头数，无符号 例： N10 G23 G95 F0.3 G90 T1 D1 S1000 M4 N20 G0 Z100 X120 R100=42 R101=80 R102=42 R103=45 R105=1 R106=1 R109=12 R110=6 R111=4 R112=0 R113=3 R114=2 N50 LCYC97 N100 G0 Z100 X60 N110 M2

附录三　华中数控系统数控车床指令

重要提示：本系统中车床采用直径编程。

√表示机床默认状态

附表 6　支持的 G 指令功能表

G 代码	组	功　能	格　式
G00	01	快速定位	G00X（U）…Z（W）… X，Z：直径编程时，快速定位终点在工件坐标系中的坐标 U，W：增量编程时，快速定位终点相对于起点的位移量
√G01		直线插补	G01 X（U）…Z（W）…F… X，Z：绝对编程时，终点在工件坐标系中的坐标 U，W：增量编程时，终点相对于起点的位移量 F：合成进给速度
		倒角加工	G01 X（U）…Z（W）…C… G01 X（U）…Z（W）…R… X，Z：绝对编程时，为未倒角前两相邻程序段轨迹的交点 G 的坐标值 U，W：增量编程时，为 G 点相对于起始直线轨迹的始点 A 点的移动距离 C：倒角终点 C，相对于相邻两直线的交点 G 的距离 R：倒角圆弧的半径值

续表

G代码	组	功 能	格 式
G02		顺圆插补	G02X（U）…Z（W）…{I…K… / R…}F… X，Z：绝对编程时，圆弧终点在工件坐标系中的坐标 U，W：增量编程时，圆弧终点相对于圆弧起点的位移量 I，K：圆心相对于圆弧起点的增加量，在绝对增量编程时都以增量方式指定；在直径、半径编程时I都是半径值 R：圆弧半径 F：倍编程的两个轴的合成进给速度
G03		逆圆插补	同上
G02（G03）		倒角加工	G02（G03）X（U）…Z（W）…R…RL=… G02（G03）X（U）…Z（W）…R…RC=… X，Z：绝对编程时，为未倒角前圆弧终点G的坐标值 U，W：增量编程时，为G点相对于圆弧始点A点的移动距离 R：圆弧半径值 RL=：倒角终点C，相对于未倒角前圆弧终点G的距离 RC=：倒角圆弧的半径值
G04	00	暂停	G04P… P：暂停时间，单位为s
G20	08	英寸输入	G20X…Z…
√G21		毫米输入	同上
G28	00	返回刀参考点	G28 X…Z…
G29		由参考点返回	G29 X…Z…
G32	01	螺纹切削	G32X（U）…Z（W）…R…E…P…F… X，Z：绝对编程时，有效螺纹终点在工件坐标系中的坐标 U，W：增将编程时，有效螺纹终点相对于螺纹切削起点的位移量 F：螺纹导程，即主轴每转一圈，刀具相对于工件的进给量 R，E：螺纹切削的退尾量，R表示Z向退尾量；E表示X向退尾量 P：主轴基准脉冲楚距离螺纹切削起点的主轴转角
√G36	17	直径编程	
G37		半径编程	
√G40	9	刀尖半径补偿取消	G40 G00（G01）X…Z…
G41		左刀补	G41 G00（G01）X…Z…
G42		右刀补	G42 G00（G01）X…Z… X，Z为建立刀补或取消刀补的终点，G41/G42的参数由T代码指定
√G54	11	坐标系选择	
G55			
G56			
G57			
G58			

续表

G代码	组	功 能	格 式
G59			
G71	06	内（外）径粗车复合循环（无凹槽加工时） 内（外）径粗车复合循环（有凹槽加工时）	G71U（Δd）R（r）P（ns）Q（nf）X（Δx）Z（Δz）F（f）S（s）T（t） G71U（Δd）R（r）P（ns）Q（nf）E（e）F（f）S（s）T（t） Δd：切削深度（每次切削量），指定时不加符号 r：每次退刀量 ns：精加工路径第一程序段的顺序号 nf：精加工路径最后程序段的顺序号 Δx：X方向精加工余量 Δz：Z方向精加工余量 f，s，t：粗加工时G71种编程的F，S，T有效，而精加工时处于ns～nf程序段之间的F，S，T有效 e：精加工余量，其为X方向的等高距离；外径切削时为正，内径切削时为负
G72		端面粗车复合循环	G72W（Δd）R（r）P（ns）Q（nf）X（Δx）Z（Δz）F（f）S（s）T（t） 参数含义同上
G73		闭环车削复合循环	G73U（ΔI）W（ΔK）R（r）P（ns）Q（nf）X（Δx）Z（Δz）F（f）S（s）T（t） ΔI：X方向的粗加工总余量 ΔK：Z方向的粗加工总余量 r：粗切削次数 ns：精加工路径第一程序段的顺序号 nf：精加工路径最后程序段的顺序号 Δx：X方向精加工余量 Δz：Z方向精加工余量 f，s，t：粗加工时G71种编程的F，S，T有效，而精加工时处于ns～nf程序段之间的F，S，T有效
G76	06	螺纹切削复合循环	G76C（c）R（r）E（e）A（a）X（x）Z（z）I（i）K（k）U（d）V（Δdmin）Q（Δd）P（p）F（L） c：精整次数（1～99）为模态值 r：螺纹Z向退尾长度（00～99）为模态值 e：螺纹X向退尾长度（00～99）为模态值 a：刀尖角度（两位数字）为模态值；在80、60、55、30、29、0六个角度中选一个 x，z：绝对编程时为有效螺纹终点的坐标；增量编程时为有效螺纹终点相对于循环起点的有向距离 i：螺纹两端的半径差 k：螺纹高度 Δdmin：最小切削深度 d：精加工余量（半径值） Δd：第一次切削深度（半径值） P：主轴基准脉冲处距离切削起始点的主轴转角 L：螺纹导程

续表

G代码	组	功 能	格 式
G80		圆柱面内（外）径切削循环 圆锥面内（外）径切削循环	G80X…Z… F… G80X…Z…I…F… I：切削起点B与切削终点C的半径差
G81		端面车削固定循环	G81X…Z…F…
G82		直螺纹切削循环 锥螺纹切削循环	G82X…Z…R…E…C…P…F… G82X…Z…I…R…E…C…P…F… R，E：螺纹切削的退尾量，R，E均为向量，R为Z向回退量；E为X向回退量，R，E可以省略，表示不用回退功能 C：螺纹头数，为0或1时切削单头螺纹 P：单头螺纹切削时，为主轴基准脉冲处距离切削起始点的主轴转角（缺省值为0）；多头螺纹切削时，为相邻螺纹头的切削起始点之间对应的主轴转角 F：螺纹导程 I：螺纹起点B与螺纹终点C的半径差
√G90	13	绝对编程	
G91		相对编程	
G92	00	工件坐标系设定	G92X…Z…
√G94	14	每分钟进给速率	G94 [F…]
G95		每转进给	G95 [F…] F：进给速度
G96	16	恒线速度切削	G96S…
G97			G97S… S：G96后面的S值为切削的恒定线速度，单位为m/min G97后面的S值取消恒线速度后，指定的主轴转速，单位为r/min；如缺省，则为执行G96指令前的主轴转速度

附表7 支持的M指令功能表

指 令	功 能	格 式
√M00	程序停止	
√M02	程序结束	
√M03	主轴正转起动	
√M04	主轴反转起动	
√M05	主轴 停止转动	
√M06	换刀指令（铣）	M06 T…
M07	切削液开启（铣）	
M08	切削液开启（车）	
M09	切削液关闭	

续表

指　令	功　能	格　式
√M30	结束程序运行且返回程序开头	
√M98	子程序调用	M98 PnnnnLxx 调用程序号为 Onnnn 的程序 xx 次。
√M99	子程序结束	子程序格式： Onnnn … … … … … M99

√表示本软件已经支持。

参 考 文 献

高枫等. 2005. 数控车削编程与操作训练. 北京：高等教育出版社

韩鸿鸾等. 2005. 数控加工工艺学. 北京：中国劳动保障出版社

任宜峥等. 2005. 数控机床操作入门. 杭州：浙江大学出版社

朱绍平. 2005. 数控车工. 杭州：浙江科学技术出版社